David Acheson
Die Calculus-Story

David Acheson

Die Calculus-Story

Ein mathematisches Abenteuer

Aus dem Englischen von
Regina Schneider

Mit einem Vorwort von
Heinrich Hemme

Anaconda

Titel der englischen Originalausgabe:
The Calculus Story. A Mathematical Adventure
Oxford: Oxford University Press 2017
Copyright © David Acheson 2017

Die Deutsche Nationalbibliothek verzeichnet diese Publikation in
der Deutschen Nationalbibliografie; detaillierte bibliografische
Daten sind im Internet unter http://dnb.d-nb.de abrufbar.

Lizenzausgabe mit freundlicher Genehmigung
© dieser Ausgabe 2018 Anaconda Verlag GmbH, Köln
Alle Rechte vorbehalten.
Umschlagmotiv: OUP © drawn by Robert Calow
Umschlaggestaltung: www.dya.de, dyadesign, Düsseldorf,
nach dem Entwurf der englischen Originalausgabe
Satz und Layout: InterMedia – Lemke e. K., Ratingen
Printed in Czech Republic 2018
ISBN 978-3-7306-0626-1
www.anacondaverlag.de
info@anacondaverlag.de

Inhalt

Vorwort von Heinrich Hemme.............. 7

1 Einführung....................... 11
2 Das Wesen der Mathematik........... 16
3 Unendlichkeit..................... 23
4 Wie steil ist eine Kurve?............. 30
5 Differentiation 35
6 Das Größte und das Kleinste.......... 42
7 Spiel mit der Unendlichkeit........... 48
8 Fläche und Volumen 55
9 Unendliche Reihen 64
10 ›Zu viel Begeisterung‹............... 71
11 Dynamik 76
12 Newton und die Planetenbewegung 83
13 Leibniz' Abhandlung von 1684 91
14 ›Ein Rätsel‹ 100
15 Wer hat den Calculus erfunden? 107
16 Immer im Kreis herum 114
17 Pi und die ungeraden Zahlen.......... 120
18 Angriff auf den Calculus 127
19 Differentialgleichungen.............. 133
20 Calculus und E-Gitarre 140
21 Die beste aller möglichen Welten? 147
22 Die geheimnisvolle Zahl e............ 154
23 Wie man eine Reihe erstellt........... 160
24 Der Calculus mit imaginären Zahlen.... 165
25 Das Unendliche beißt zurück.......... 170
26 Was genau ist ein Grenzwert? 178

27 Die Gleichungen der Natur 183
28 Vom Calculus zum Chaos 190

Anhang............................... 199
   Weiterführende Literatur............... 201
   Zitatnachweis........................ 203
   Bildnachweis........................ 207
   Register 209

Vorwort

Die Unendlichkeit fasziniert Philosophen, Wissenschaftler und Theologen seit Menschengedenken. Schon in der Antike dachten griechische Mathematiker darüber nach, was unendlich groß, unendlich viel und unendlich klein bedeuten könnte. Im 5. vorchristlichen Jahrhundert beschrieb Zenon von Elea ein paradoxes Wettrennen zwischen Achilles und einer Schildkröte. Achilles gab der Schildkröte zehn Schritte Vorsprung, und bevor er sie überholen konnte, musste er zuerst ihren Vorsprung aufholen. In der Zeit, die er dafür benötigte, hatte die Schildkröte aber einen neuen, wenn auch kleineren Vorsprung gewonnen, den Achilles ebenfalls erst aufholen musste. War ihm auch das gelungen, hatte die Schildkröte wiederum einen, wenn auch noch kleineren, Vorsprung gewonnen, und so ging das immer weiter. Zenon behauptete nun, der Vorsprung, den die Schildkröte hatte, würde zwar immer kleiner, bliebe aber immer ein Vorsprung, sodass Achilles sich der Schildkröte zwar immer weiter näherte, sie aber niemals einholen und somit auch nicht überholen konnte.

Die Unendlichkeit ist ein schönes, aber stolzes und wildes Tier, das die Mathematiker in seinen Bann zog, sich aber jahrtausendelang nicht bezwingen ließ. Erst im 17. Jahrhundert gelang es einigen Geistesgrößen sie zu zähmen und für die Arbeit in der Mathematik, den Naturwissenschaften und der Technik einzuspannen. Die Geometrie und die Algebra sind bereits seit der

Antike die beiden großen klassischen Teilgebiete der Mathematik. Ab der Spätantike bis ins Mittelalter galten sie als zwei der sieben freien Künste. Nach der Domestizierung der Unendlichkeit kam im 18. Jahrhundert dann noch als drittes großes Teilgebiet die Analysis hinzu, die das Unendliche als Arbeitstier nutzt. Das Wort Analysis = ανάλυσις, das aus dem Griechischen kommt und auf dem zweiten a betont wird, bedeutet Auflösung. Ihre zentralen Begriffe sind der Grenzwert, die unendliche Reihe und die Funktion. Was in der Mathematik alles zur Analysis zählt und was nicht, ist nur unscharf umrissen. Auf jeden Fall gehören die Differentialrechnung, die Integralrechnung, die Differentialgleichungen, die Variationsrechnung, die Vektoranalysis und die Funktionalanalysis dazu. Die Analysis wurde von dem Deutschen Gottfried Wilhelm Leibniz und dem Engländer Isaac Newton gleichzeitig und unabhängig voneinander als Infinitesimalrechnung entwickelt, einer Technik, mit der man Differential- und Integralrechnung betreiben kann. Die Infinitesimalrechnung liefert eine Methode, eine Funktion auf unendlich kleinen Abschnitten widerspruchsfrei zu beschreiben. Daher rührt auch der Name, der von dem Adjektiv infinitesimal stammt, was »unendlich klein« bedeutet und aus dem lateinischen Begriff *infinitus* = unendlich gebildet wurde.

David Acheson nimmt Sie in diesem Buch mit auf eine Reise durch die fast viertausendjährige Geschichte der Analysis. Sie beginnt in Mesopotamien, als dort um 1700 v. Chr. babylonische Wissenschaftler geometrische Figuren und Berechnungen in Keilschrifttäfelchen ritzten, und geht dann weiter nach Griechenland, wo in der

Antike Mathematiker die ersten zaghaften Versuche mit dem Unendlichen wagten, die manchmal von Erfolg gekrönt wurden, aber meistens zu Widersprüchen führten. Danach führt die Reise ins Europa der Renaissancezeit, wo das Unendliche schließlich gezähmt wurde und endet am Schluss des Buches in der weltweiten Gegenwart. Acheson erzählt, wie die Mathematiker auf die Idee des Grenzwertes kamen und wie sie ihn bei unendlichen Reihen ermitteln konnten, wie sie die Steigung von Kurven berechnen lernten, wie sie die Verfahren des Differenzierens entwickelten, wie es ihnen gelang, Maximal- und Minimalwerte zu bestimmen, wie sie lernten, die Inhalte von Flächen und Körpern mit gekrümmten Rändern zu berechnen, und wie sie dafür die Methode des Integrierens konstruierten. Er erzählt, wie Wissenschaftler die Mathematik des Unendlichen mit großem Erfolg auf die Bahnen der Planeten anwendeten und dafür die Verfahren der Differentialgleichungen schufen, wie sie die Variationsrechnung entwickelten, mit der sich viele bis dahin unlösbare Probleme der Physik lösen ließen. Acheson zeigt die fruchtbare Verbindung zwischen den allgegenwärtigen harmonischen Schwingungen und Wellen und der Analysis, die von den Gitarrensaiten über die Fourierreihen und die Quantenmechanik bis zur Chaostheorie führt.

Im Englischen wird sowohl die Analysis als auch die Infinitesimalrechnung mit dem lateinischen Wort *calculus* bezeichnet. Dies ist die Verkleinerungsform des Wortes *calx* = Kieselstein. Ein *calculus* ist also ein Kieselsteinchen. Wenn in der Antike den Römern beim Rechnen die Zahlen so groß wurden, dass die zehn Finger nicht mehr ausreichten, nahmen sie *calculi* zur Hilfe. Später erweiterte sich die Bedeutung des Begriffs ein wenig und jeder Rechenstein hieß *calculus*, egal wie er geformt war, aus welchem Material er bestand oder ob er auf einen Stab eines Abakus gefädelt wurde. Ein Rechenstein wird in der modernen Welt nicht mehr benutzt, aber sein lateinischer Name ist nicht verloren gegangen. In den Wörtern Kalkulation und Kalkül lebt er weiter und in der englischsprachigen Welt ist sogar ein ganzes Teilgebiet der Mathematik auf seinen Namen getauft worden.

David Acheson hat das englische Original dieses Buches *The Calculus Story* genannt. Korrekt übersetzt müsste die deutsche Ausgabe als Titel den Zungenbrecher *Die Analysis- und Infinitesimalrechnungsgeschichte* tragen. Aber wer gibt schon seinem schönen Kind einen hässlichen Namen? Deshalb bleibt es auch in der deutschen Ausgabe bei dem wohlklingenden lateinisch-englischen Titel *Calculus-Story* und der Begriff wird auch im Text durchgängig verwendet.

Heinrich Hemme
Aachen, April 2018

1
Einführung

Im Sommer 1666 sah Isaac Newton in seinem Garten einen Apfel vom Baum fallen und ersann umgehend die Gravitationstheorie.

Soweit die Legende.

Zugegeben, eine stark vereinfachte Darstellung der Ereignisse, gleichwohl aber ein schöner Ausgangspunkt für eine kurze Einführung in den Calculus.

Denn der Apfel wird im Fallen *schneller*, seine *Geschwindigkeit* erhöht sich.

1. Newton und der Apfel

Doch was genau verstehen wir unter der Geschwindigkeit des Apfels zu jedem beliebigen Zeitpunkt?

$$Geschwindigkeit = \frac{Weg}{Zeit}$$

Nun gilt diese Formel aber nur, wenn die Geschwindigkeit einer Bewegung konstant ist, das heißt, wenn der Weg proportional zur Zeit ist.

Oder anders ausgedrückt: Die Formel gilt nur, wenn der Graph im Weg-Zeit-Diagramm eine Gerade ist, deren Steigung bzw. Steilheit dann die Geschwindigkeit abbildet (Abb. 2).

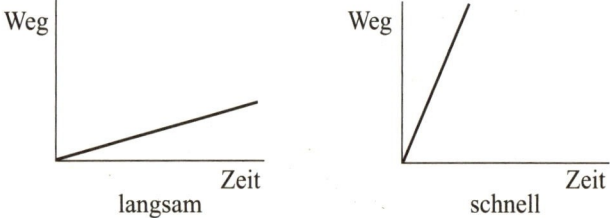

2. Bewegung mit konstanter Geschwindigkeit

Bei einem fallenden Apfel jedoch ist der Weg nicht proportional zur Zeit. Wie Galileo entdeckt hat, ist der im Fallen zurückgelegte Weg direkt proportional zum Quadrat der dafür benötigten Zeit.

Nach einer bestimmten Zeit also hat der fallende Apfel einen bestimmten Weg zurückgelegt, doch nach zweimal so viel Zeit ist er nicht etwa zweimal so weit gefallen, sondern viermal so weit, denn $2^2 = 4$. Tragen wir nun den zurückgelegten Weg als Funktion der Zeit auf, erhalten wir eine nach oben gebogene Kurve (Abb. 3).

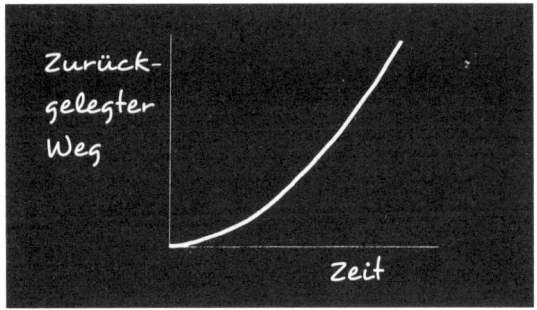

3. So fällt ein Apfel.

Vereinfacht gesagt stellt der zunehmend steilere Verlauf der Kurve die zunehmende Geschwindigkeit dar, mit welcher der Apfel im Zeitablauf fällt.

Und genau diese Idee von der zunehmenden Geschwindigkeit, mit der sich die Dinge im Zeitablauf

4. (a) Isaac Newton (1642–1727)
(b) Gottfried Wilhelm Leibniz (1646–1716)

verändern, ist eine der wichtigsten Leitideen des mathematischen Calculus.

Im Calculus, so heißt es bisweilen, drehe sich alles um *Veränderung*, präziser aber müsste es heißen, dass es um die Rate geht, mit der sich Dinge verändern.

In den Mittelpunkt des Interesses rückte das Thema in der zweiten Hälfte des 17. Jahrhunderts, vor allem durch die Arbeiten von Isaac Newton in England und von Gottfried Wilhelm Leibniz in Deutschland.

Die beiden sind sich zeitlebens nie begegnet, pflegten aber eine zurückhaltende (und indirekte) Korrespondenz, die anfangs sehr freundlich und respektvoll war, dann aber in einen heftigen Prioritätsstreit darüber ausartete, wer von beiden den Calculus ›erfunden‹ hatte. Mehr dazu später, allerdings geht es in diesem Buch hauptsächlich um den Calculus an sich.

Insbesondere will ich einen Überblick über das ›große Ganze‹ geben, mich auf grundlegende Ideen des Calculus konzentrieren und deren geschichtliche Hintergründe beleuchten.

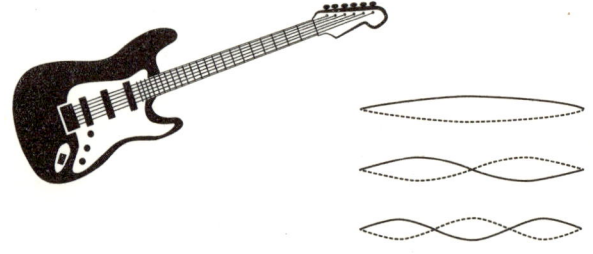

5. Schwingungen einer Gitarrensaite

Wir werden außerdem erfahren, inwiefern der Calculus in der Physik und anderen Naturwissenschaften von elementarer Bedeutung ist.

Und wir werden versuchen, die Theorie des Calculus so weit zu erhellen, dass wir zum Beispiel verstehen, was es mit den Schwingungen einer Gitarrensaite auf sich hat (Abb. 5).

Überdies werde ich immer mal wieder Fälle herausstellen, wo uns die Rechenergebnisse des Calculus an sich Vergnügen bereiten, unabhängig von ihrer praktischen Anwendbarkeit.

Abb. 6 zum Beispiel zeigt einen außergewöhnlichen Zusammenhang zwischen der Kreiszahl Pi (π) und den ungeraden Zahlen.

$$\frac{\pi}{4} = 1 - \frac{1}{3} + \frac{1}{5} - \frac{1}{7} + \cdots$$

6. Ein erstaunlicher Zusammenhang

Warum dieses Ergebnis zutrifft, werde ich zu gegebener Zeit an anderer Stelle aufzeigen.

Kurzum, dieses kleine Buch ist ambitionierter, als es zunächst den Anschein hat.

Wenn das Vorhaben gelingt, werden wir nicht nur verstehen, was es mit dem Calculus tatsächlich auf sich hat, sondern auch wissen, was sich damit alles anfangen lässt und wie wir ihn anwenden können.

Dazu müssen wir uns zunächst ein paar Gedanken zu Eigenart und Wesen der Mathematik machen.

2
Das Wesen der Mathematik

In der *Babylonian Collection*, einer umfassenden Sammlung von Keilschrifttafeln, die an der Yale University aufbewahrt wird, findet sich eine berühmte Babylonische Tontafel mit Namen YBC 7289. Sie stammt aus der Zeit um 1700 v. Chr. und zeigt eine einfache geometrische Figur (Abb. 7).

7. Quadrat mit Diagonalen

Die Abbildung wird begleitet von einem Keilschrifttext, der sich, nachdem man ihn entziffert hatte, als die mathematische Näherung für $\sqrt{2}$ entpuppte – und zwar bis zu einer Genauigkeit von einem Millionstel. Doch woher wussten die alten Babylonier, dass das Verhältnis zwischen Diagonale und Seitenlänge in einem Quadrat $\sqrt{2}$ ist?

Wir können nur vermuten, dass sie sich an einem Schaubild wie dem in Abb. 8 orientiert haben.

Der Flächeninhalt des großen Quadrats ist 2 × 2 = 4. Der Flächeninhalt des schattierten Quadrats ist offenkundig halb so groß und daher 2. Also muss die Seitenlänge des schattierten Quadrats √2 sein.

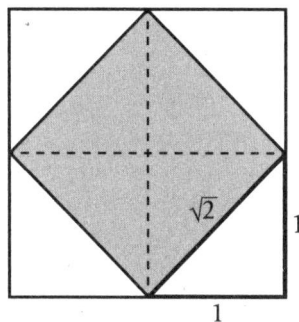

8. Eine einfache Herleitung (Deduktion)

Heute ist dieser deduktive Aspekt der Mathematik von zentraler Bedeutung für das gesamte Fach.

Wir fragen nie einfach nur: Was ist wahr? Sondern immer auch: *Warum* ist es wahr?

Außerdem sind Mathematiker, wann immer möglich, um die *Allgemeingültigkeit* ihrer Aussagen bemüht, und der Satz des Pythagoras ist dafür ein berühmtes Beispiel. Denn er liefert eine überraschend einfache Beziehung zwischen den drei Seiten *jedes* rechtwinkligen Dreiecks, egal ob kurz und dick oder lang und dünn.

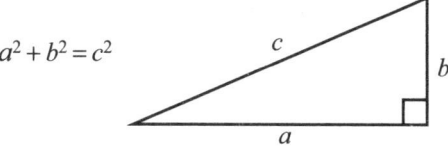

9. Der Satz des Pythagoras

Und wie bei so vielem, was zum Besten der Mathematik gehört, ist es diese Allgemeingültigkeit, die dem Theorem seine Macht verleiht.

Algebra

Während die Geometrie bis in die griechische Antike und noch frühere Zeiten zurückreicht, ist die Algebra, wie wir sie heute kennen, eine sehr viel jüngere mathematische Disziplin.

Selbst das altvertraute Gleichheitszeichen = taucht erst 1557 auf, also nicht einmal ein Jahrhundert vor der Geburt Newtons.

Sinn und Zweck der Algebra ist, einmal mehr, uns die Möglichkeit zu geben, allgemeingültige mathematische Erkenntnisse bündig auszudrücken und zu handhaben.

Ein solches Ergebnis, das in diesem Buch von großer Bedeutung ist, lautet:

$$(x + a)^2 = x^2 + 2ax + a^2$$

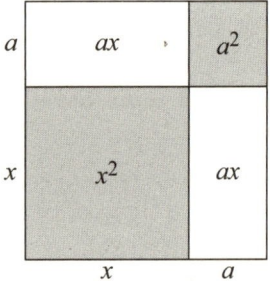

10. Algebra als Geometrie

Nach den Regeln der elementaren Algebra gilt dies für alle Zahlen x und a, für positive und für negative, doch wenn x und a beide positiv sind, wird auch der geometrische Gehalt der Gleichung sichtbar, der sich in Form von Flächen darstellen lässt (Abb. 10).

Beweis

In der Mathematik sind deduktiv gültige Argumente oder auch Beweise mitunter an sich schon ein Vergnügen.

Betrachten wir zum Beispiel den Beweis für den Satz des Pythagoras in Abb. 11.

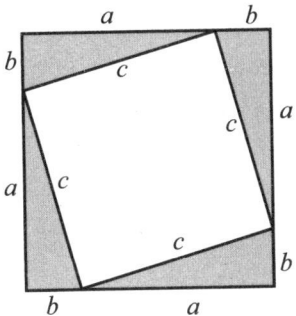

11. Beweis für den Satz des Pythagoras

Hier haben wir vier Kopien unseres rechtwinkligen Dreiecks in ein Quadrat mit der Seitenlänge $a + b$ gestellt und erhalten so eine quadratische Fläche c^2 in der Mitte.

Jedes rechtwinklige Dreieck hat eine Fläche von $½ab$, also ergibt sich für das große Quadrat eine Fläche von $c^2 + 2ab$.

Aber das Quadrat ist auch $(a + b)^2 = a^2 + 2ab + b^2$.
Also $a^2 + b^2 = c^2$.

Ich möchte behaupten, dass dieser Beweis für den Satz des Pythagoras einer der besten überhaupt ist, er ist so überaus prägnant und elegant.

Der Weg zu den Sternen ...

Im gesamten Verlauf ihrer Geschichte spielte die Mathematik eine entscheidende Rolle dabei, zu verstehen, wie die Welt im Kern funktioniert.

Insbesondere die Natur des Universums hat uns stets mit fragendem Erstaunen erfüllt. Doch um sie zu ergründen, müssen wir zunächst und unausweichlich die Erde vermessen.

Dies können wir tun, indem wir beispielsweise auf einen Berg mit einer bekannten Höhe H steigen und die Entfernung D zum Horizont schätzen (Abb. 12).

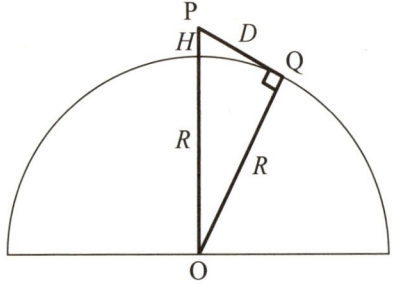

12. Die Vermessung der Erde

Da die Sichtlinie PQ eine Tangente zur Erde darstellt, steht sie senkrecht auf dem Radius der Erde OQ, also ist OQP ein rechtwinkliges Dreieck.

Wenn wir den Satz des Pythagoras anwenden, erhalten wir
$$(R + H)2 = R2 + D2,$$

wobei R der Radius der Erde ist. Wenn wir den linken Teil der Gleichung zu $R^2 + 2RH + D^2$ umformen und jetzt den Term R^2 herauskürzen, erhalten wir $2RH + H^2 = D^2$.

In der Praxis wird H im Vergleich zum Erdradius R sehr klein sein, sodass $H2$ sehr klein sein wird im Vergleich zu $2RH$. Somit ist RH näherungsweise gleich $D2$ und also
$$R = \frac{D^2}{2H}.$$

Um das Jahr 1019 folgte der Gelehrte Al-Biruni weitgehend gleichen Ideen, um den Radius der Erde abzuschätzen. Er gelangte zu einem Ergebnis, das vom heute akzeptierten Wert um weniger als 1% abweicht. Eine für die damalige Zeit außerordentliche Leistung.

Gleichungen und Kurven

Ich möchte zum Abschluss dieses Kapitels gern eine besonders machtvolle Art und Weise aufzeigen, in der Geometrie und Algebra zusammenkommen.

Wenn uns heute eine Beziehung zwischen zwei Zahlen begegnet, $y = x^2$ beispielsweise, machen wir gar nicht viel Aufhebens darum, x und y als Koordinaten zu verwenden, um einen Graphen wie in Abb. 13 zu erstellen. Unsere Gleichung wird dann durch eine Kurve wiedergegeben. In gleicher Weise können wir, wenn ein geometrisches Problem eine bestimmte Kurve beinhaltet, versuchen, diese durch eine Gleichung wiederzugeben.

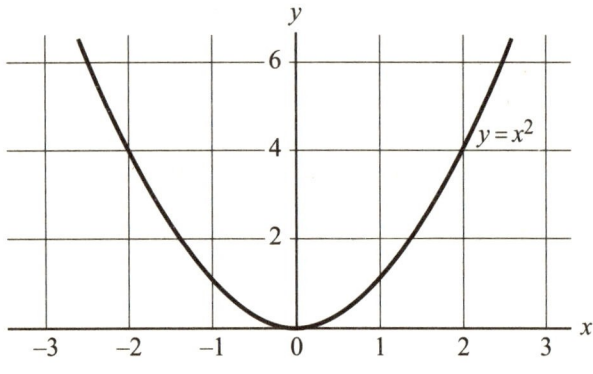

13. Koordinatengeometrie

Zu Newtons Zeit jedoch war dies ein vollkommen neuer Gedanke, den wir zu großen Teilen zwei französischen Mathematikern zu verdanken haben, nämlich Pierre de Fermat (1601–1665) und René Descartes (1596–1650).

Obwohl uns dies dem Calculus selbst schon sehr nahebringt, müssen wir uns zunächst noch einem letzten weiteren Schlüsselgedanken zuwenden …

3
Unendlichkeit

Die Unendlichkeit betritt die Bühne unserer Erzählung sehr früh, etwa zur Zeit des Archimedes um 220 v. Chr.

Das wirklich Entscheidende ist dabei die Idee der allmählichen *Annäherung* an die Unendlichkeit, wofür ich zwei Beispiele nennen möchte.

Der Flächeninhalt eines Kreises

Die beiden Formeln in Abb. 14 zählen zu den bekanntesten der Mathematik. Aber warum sind sie korrekt?

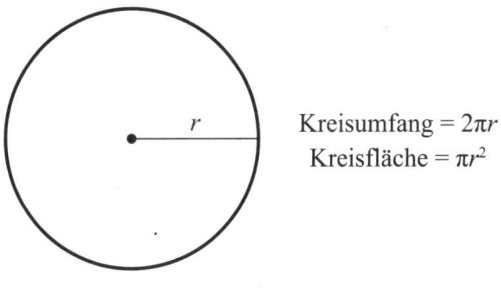

14. Kreisformeln

Im Rahmen der Zielsetzung unseres Buches würde ich π gern definieren als

$$\pi = \frac{\text{Kreisumfang}}{\text{Kreisdurchmesser}},$$

denn dieses Verhältnis ist für alle Kreise gleich.

Wenn also der Radius r ist, beträgt der Durchmesser $2r$, und das erste Ergebnis folgt unmittelbar aus unserer Definition. Es ist im Grunde nichts anderes als eine Umformulierung dessen, was wir unter der Zahl π verstehen.

Mit der zweiten Formel jedoch, Kreisfläche = πr^2, verhält es sich deutlich anders.

Um zu verstehen, warum sie zutrifft, folgen wir – zunächst recht ungezwungen – Archimedes. Dafür schreiben wir einem Kreis ein Polygon (Vieleck) mit N gleichen Seiten ein (Abb. 15).

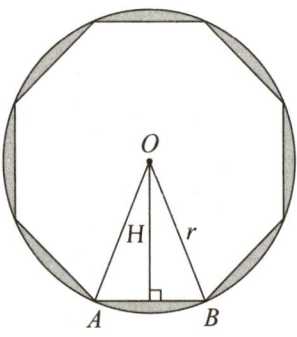

15. Annäherung an einen Kreis

Dieses Polygon besteht nun aus N Dreiecken OAB, wobei O den Kreismittelpunkt bezeichnet, und der Flächeninhalt jedes dieser Dreiecke beträgt ½ mal seiner Basis AB multipliziert mit seiner Höhe H. Der

Flächeninhalt des Polygons beträgt somit N mal dieser Fläche, also $½ \times (AB) \times H \times N$.

$(AB) \times N$ jedoch ist der Umfang des Polygons, somit gilt:

Flächeninhalt des Polygons = $½ \times$ (Umfang des Polygons) $\times H$

Die Idee ist nun, zum Flächeninhalt des Kreises zu gelangen, indem wir uns anschauen, was geschieht, wenn N immer größer wird, sodass das Polygon mehr und mehr Seiten hat (Abb. 16).

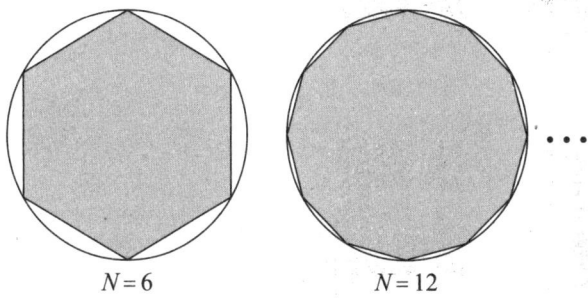

$N = 6$ $N = 12$

16. Näher und näher ...

Mit einem Wort: Wenn N größer wird, nähert sich der Umfang mehr und mehr dem Kreisumfang, welcher $2\pi r$ beträgt.

Und H nähert sich mehr und mehr r.

Und der Flächeninhalt des Polygons nähert sich mehr und mehr demjenigen des Kreises $½ \times 2\pi r \times r$, also πr^2.

Die Idee des Grenzwerts

Ich muss gestehen, all dieses Gerede über das ›Näher-und-näher-kommen‹ ist im besten Fall etwas vage zu nennen.

Präziser ausgedrückt können wir den Flächeninhalt des Kreises als Grenzwert der Polygon-Fläche ansehen, wenn $N \to \infty$, also N gegen *unendlich* geht.

Und das bedeutet allgemein gesprochen, dass wir die Differenz zwischen den zwei Flächeninhalten beliebig klein werden lassen können, wenn wir nur N groß genug machen.

Diese Idee des Grenzwerts ist für den Calculus von ganz zentraler Bedeutung, aber sie ist nicht einfach, und ich hoffe, sie im Verlauf dieses Buches schrittweise entwickeln und präzisieren zu können.

Leider hat der Begriff ›Grenzwert‹ mit der alltagssprachlichen »Grenze« oder gar dem Wort »grenzwertig« wenig zu tun.

Sehr salopp formuliert ist ein Grenzwert in der Mathematik etwas, dem wir so nahe kommen können, wie wir nur wollen, vorausgesetzt wir versuchen es entschlossen genug.

Eine unendliche Reihe

Ein anderer Weg, die Unendlichkeit auf die Bühne unserer Erzählung zu holen, ergibt sich aus der Idee *unendlicher Reihen* wie beispielsweise

$$\frac{1}{4} + \frac{1}{4^2} + \frac{1}{4^3} + \cdots = \frac{1}{3}.$$

Auf den ersten Blick ist diese Gleichung äußerst bemerkenswert. Denn die Reihe positiver Terme auf der linken Seite geht, wie die Punkte andeuten, in angezeigter Weise endlos weiter – und doch ist die Summe selbst endlich – und beträgt bloß $\frac{1}{3}$.

Ich liefere fürs Erste nur einen ›Bildbeweis‹ für dieses Ergebnis, für den wir ein Quadrat mit der Seitenlänge 1 nehmen und es in eine Folge kleiner und kleiner werdender Quadrate aufteilen (Abb. 17).

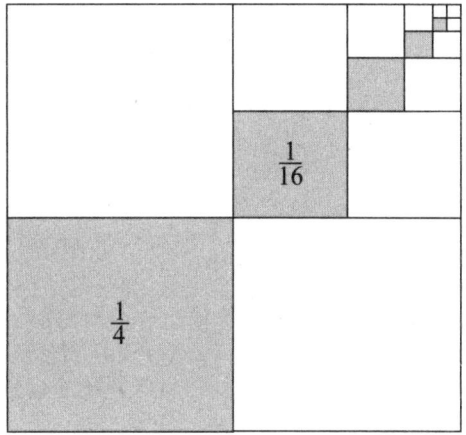

17. Ein ›Bildbeweis‹

Die Gesamtheit der schattierten Fläche repräsentiert unsere unendliche Reihe, und ich denke, es ist offensichtlich, dass diese Fläche $\frac{1}{3}$ der Gesamtfläche ausmacht, weil sich auf je zwei Seiten jedes schattierten Quadrats je eine exakte Kopie davon befindet.

Allerdings gilt es auch hier, wie so oft, ein paar Feinheiten zu beachten, und der Beweis in Abb. 17 ist etwas nachlässig.

Eine bessere Beschreibung dessen, was die Gleichung

$$\frac{1}{4}+\frac{1}{4^2}+\frac{1}{4^3}+\cdots = \frac{1}{3}$$

tatsächlich bedeutet, ist, dass wir die laufende Summe links so nahe an $\frac{1}{3}$ heranbringen können, wie wir wollen, indem wir genügend Terme hinzunehmen.

Mit anderen Worten: $\frac{1}{3}$ repräsentiert den Grenzwert der laufenden Summe, während die Zahl der Terme, N, gegen unendlich geht.

Auf dem Weg zum Calculus

Ausgestattet mit dem, was wir bisher betrachtet haben, insbesondere einer gewissen Vorstellung vom mathematischen *Grenzwert*, sind wir bereit, mit der eigentlichen Reise zu beginnen.

Der Weg zum Calculus umfasst vier hauptsächliche Themengebiete:

(i) die Steigung einer Kurve
(ii) die von einer Kurve umschlossene Fläche
(iii) unendliche Reihen
(iv) das Problem der Bewegung

Wir werden in den Kapiteln 4 bis 12 jedes davon für sich betrachten, und ich hoffe natürlich, dass es mir gelingen wird, die Schlüsselideen so einfach und klar wie möglich zu erläutern.

Allerdings behaupte ich nicht, der Calculus sei einfach. Das ist er bestimmt nicht.

Woher ich das weiß? Von einem Besuch bei meinem Vater vor einigen Jahren, wenige Wochen bevor er starb.

Er war kein Mathematiker, doch er hatte freundlicherweise angeboten, etwas gegenzulesen, an dem ich damals gerade schrieb.

Wir saßen entspannt beisammen und schauten vom Garten hinter seinem Haus in die Abendsonne, als er unvermittelt sagte:

»Ich fürchte, ich bin nicht deiner Meinung, dass $\frac{1}{4}+\frac{1}{16}+\frac{1}{64}+\ldots$ gleich $\frac{1}{3}$ ist. Ich glaube, es ist kleiner als $\frac{1}{3}$, *um einen unendlich kleinen Betrag* kleiner.«

Daraufhin sagte ich:

»Ich könnte versucht sein, dir beizupflichten, w*enn* ich wüsste, was es bedeutet, dass eine Zahl unendlich klein ist. Aber ich weiß es nicht.«

»Ah«, erwiderte er gedankenvoll, und ich sammelte sofort meine eigenen Gedanken, um mich für seinen Gegenangriff zu wappnen.

Der kam dann aber gar nicht, und alles, was er dazu noch zu sagen hatte, war:

»Lass uns noch ein Glas Whiskey trinken!«

4

Wie steil ist eine Kurve?

Beim Calculus dreht sich alles um die Raten, mit denen Dinge sich verändern.

Und wie wir gesehen haben, ist diese Idee verbunden mit der Steigung einer Kurve.

Doch wie bestimmen wir diese Steilheit (oder Steigung) einer Kurve an einem gegebenen Punkt?

Die Steigung einer geraden Linie

Bei einer geraden Linie ist die Antwort simpel: Wir wählen einfach zwei Punkte P und Q auf dieser Linie und berechnen die Erhöhung der Werte von x und y, während wir uns von P nach Q bewegen (Abb. 18):

$$\text{Steigung} = \frac{\text{Anstieg von } y}{\text{Anstieg von } x}$$

Der große Vorteil dieser Definition liegt darin, dass es egal ist, welche zwei Punkte auf der Linie wir auswählen, die Änderungsrate ist immer gleich.

Und – wie leicht zu erkennen – je größer die Änderungsrate, desto steiler die Linie.

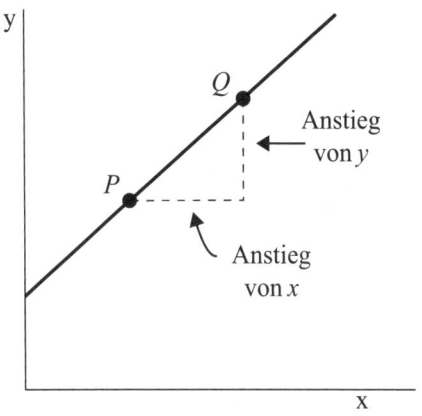

18. Eine gerade Linie

Die Steigung einer Kurve

Wenn wir aber versuchen, dieselbe Vorgehensweise auf eine Kurve anzuwenden, um ihre Steigung an einem beliebigen Punkt P zu bestimmen, stoßen wir auf ein Problem, denn das Verhältnis

$$\frac{\text{Anstieg von } y}{\text{Anstieg von } x}$$

wird normalerweise davon abhängen, wohin wir den zweiten Punkt Q setzen.

Welchen Punkt Q also wählen wir?

Wenn wir die Steigung der Kurve *am Punkt P* bestimmen möchten (und nicht irgendwo anders), ist anzunehmen, dass Q in der Nähe von P liegen muss.

Aber in welcher Nähe genau?

Denken wir noch ein klein wenig länger darüber nach, scheint die schlüssigste Antwort zu sein: *je näher desto besser* (Abb. 19).

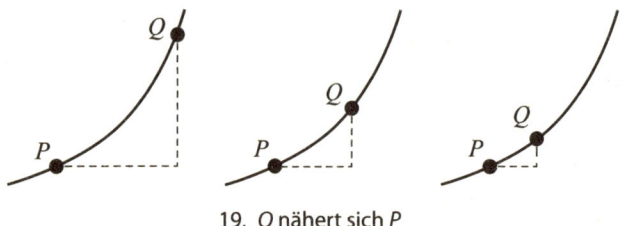

19. Q nähert sich P

Auf diese Weise gelangen wir zu einer Definition für die Steigung der Kurve an P als *Grenzwert* der Änderungsrate, wenn Q gegen P strebt:

$$\text{Steigung der Kurve am Punkt } P = \lim_{Q \to P} \frac{\text{Anstieg von } y}{\text{Anstieg von } x}$$

Ein Beispiel

Am einfachsten nachvollziehen lässt sich diese Idee, wie ich meine, am Beispiel der Kurve $y = x^2$ (Abb. 20).

Wenn die x-Koordinaten von P und Q hier x und $x + h$ sind, heißen die entsprechenden y-Koordinaten x^2 und $(x + h)^2$. Und wenn wir uns von P in Richtung Q bewegen, steigt y um den Betrag $2xh + h^2$ (siehe Kapitel 2).

Daraus folgt:

$$\frac{\text{Anstieg von } y}{\text{Anstieg von } x} = \frac{2xh + h^2}{h}$$

Und wir erhalten nach Kürzung um den Faktor h:

$$\frac{\text{Anstieg von } y}{\text{Anstieg von } x} = 2x+h$$

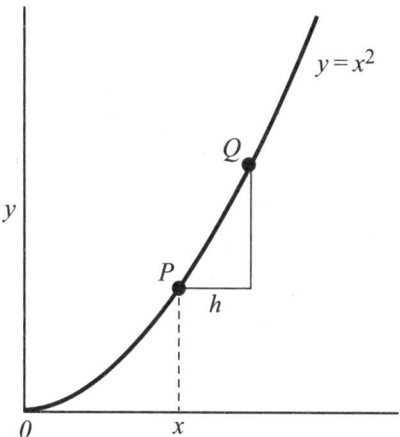

20. Die Steigung einer Kurve ermitteln

Schließlich legen wir den Punkt P fest – und damit die Koordinate x – und nehmen den Grenzwert $Q \to P$, also $h \to 0$. Daraus ergibt sich

$$\text{Steigung der Kurve } y=x^2 = 2x.$$

Die Steigung erhöht sich also mit x, und das ergibt Sinn, da die Kurve $y = x^2$ sich unübersehbar ›nach oben biegt‹, d. h. bei größer werdendem x immer steiler wird.

Das gesamte soeben beschriebene Verfahren ist für den Calculus von fundamentaler Bedeutung, und zwar aus zwei Gründen.

Aus rein geometrischer Sicht erlaubt es uns, für jeden beliebigen Punkt einer Kurve die *Tangente* zu konstruieren, da die Steigung an diesem Punkt die Steigung der Tangente ist (Abb. 21).

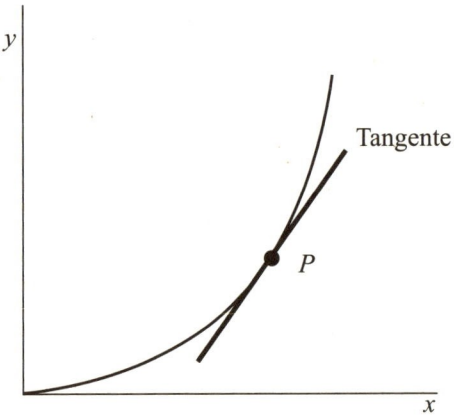

21. Die Tangente an einer Kurve

Aus dynamischer Sicht erlaubt es uns andererseits, die Änderungsrate zu errechnen, mit der y im Verhältnis zu x ansteigt, denn sie entspricht exakt der Neigung der Kurve.

Und eben dieses Verfahren, mit dem wir die Steigung einer Kurve aus ihrer Gleichung herleiten, nennen wir *Differentiation* (Ableitung).

5
Differentiation

Die Differentiation ist von so zentraler Bedeutung für den Calculus, dass es dafür eine spezielle Notation gibt.

Zunächst bezeichnet der Buchstabe δ, also ›delta‹, nicht eine Zahl, sondern die Aussage ›Erhöhung um …‹. Steigt also zum Beispiel x von 1 auf 1,01, dann ist δ 0,01.

Entsprechend beschreiben δx und δy die winzigen Erhöhungen von x und von y, die auftreten, wenn wir uns auf einer Kurve ganz langsam von P zum nahegelegenen Punkt Q bewegen (Abb. 22).

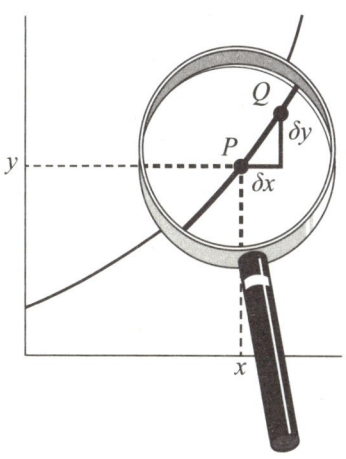

22. Kleine Anstiege von x und y

Wie wir gesehen haben, besteht der gesamte Vorgang der Differentiation darin, den *Grenzwert* von $\delta x/\delta y$ zu bestimmen, wenn $\delta x \to 0$, Q also P immer näherkommt.

Ab jetzt bezeichnen wir diesen Grenzwert mit dem speziellen Symbol *dx/dy* (Abb. 23).

$$\frac{dy}{dx} = \lim_{\delta x \to 0} \frac{\delta y}{\delta x}$$

23. Definition von dy/dx

Diese Größe, ausgesprochen ›*dy dx*‹, nennen wir die abgeleitete Funktion von y nach x, und sie repräsentiert sowohl die Neigung der Kurve als auch die Rate, mit der y im Verhältnis zu x ansteigt.

Diese spezifische Notation geht auf Leibniz zurück und hat sich mit der Zeit als überaus erfolgreich erwiesen; aber es gilt, ein paar Feinheiten zu beachten.

Es scheint außer Zweifel zu stehen, dass Leibniz – zumindest in seinen frühen Jahren – *dy/dx* als Verhältnis zweier Zahlen, *dy* und *dx*, betrachtet hat, die beide ›unendlich klein‹ waren.

Wir werden in diesem Buch *nicht* versuchen, dieser Ansicht zu folgen. Stattdessen betrachten wir *dy/dx* durchgängig als Grenzwert des echten Verhältnisses $\delta y/\delta x$ mit $\delta x \to 0$.

Falls wir für das Symbol *dy/dx* überhaupt eine andere Form wählen, dann am ehesten

$$\frac{d}{dx}(y),$$

wobei wir d/dx selbst als Symbol mit der Bedeutung ›nach x differenzieren‹ betrachten.

Beispiele

In Kapitel 4 haben wir gesehen, wie es geht, und wissen also bereits, wie man $y = x^2$ differenziert (Abb. 24).

$$\frac{d}{dx}(x^2) = 2x$$

24. Die Ableitung von x^2

Hier ein zweites Beispiel, an dem man gut sehen kann, wie die Formel dy/dx in der Praxis funktioniert.

Nehmen wir an $y = 1/x$.

Man sieht hier: Wenn x ansteigt, wird y kleiner (Abb. 25). Es erscheint deshalb sinnvoll, mit einer negativen Steigung zu rechnen und also mit einem negativen Wert für dy/dx.

In jedem Fall aber müssen wir als Erstes berechnen, wie groß δy ist. Und wenn sich die x-Koordinate von x nach $x + \delta x$ verändert, verändert sich y von $1/x$ nach $1/(x + \delta x)$. Also gilt:

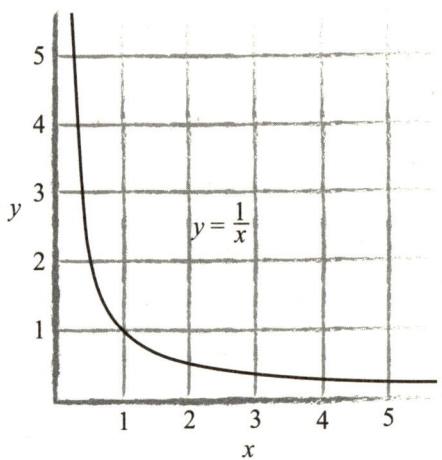

25. Die Kurve von y = 1/x

$$\delta y = \frac{1}{x+\delta x} - \frac{1}{x}$$

Nach den üblichen Regeln der Algebra können wir dies umformen zu
$$\delta y = \frac{-\delta x}{(x+\delta x)x},$$

und somit gilt
$$\frac{\delta y}{\delta x} = -\frac{1}{(x+\delta x)x}.$$

Wenn wir dann noch δx gegen 0 gehen lassen, also $\delta x \to 0$, folgt daraus $dy/dx = -1/x^2$.

Damit haben wir gezeigt, dass

$$\frac{d}{dx}\left(\frac{1}{x}\right) = -\frac{1}{x^2},$$

und die Ableitung ist in diesem Fall in der Tat negativ, so wie erwartet.

In gleicher Weise können wir nach und nach eine Sammlung von Ergebnissen aufbauen, wie Abb. 26 sie zeigt.

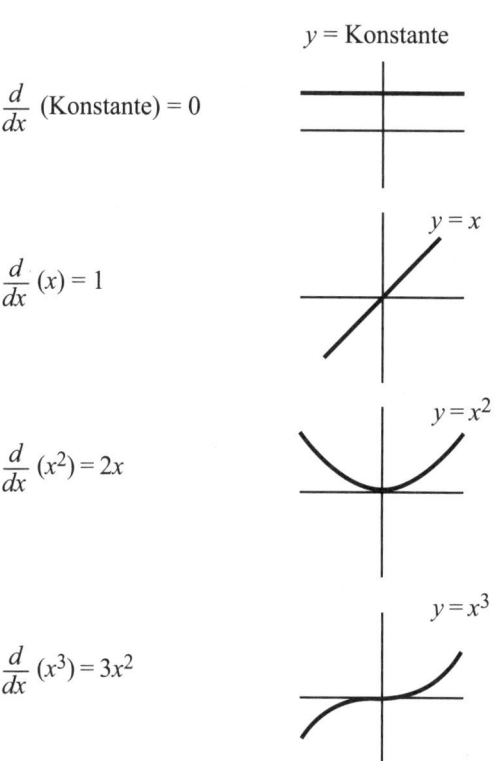

26. Einige grundlegende Ableitungen

Und sollten Sie aus irgendeinem Grund das Gefühl haben, hier entwickle sich eventuell ein Muster und die Ableitung von x^4 sei vielleicht $4x^3$ und so weiter, dann liegen Sie in der Tat völlig richtig. Abb. 27 zeigt die Ableitung von x^n für *jede* positive ganze Zahl n und warum das so ist, erklären wir in Kapitel 13.

$$\frac{d}{dx}(x^n) = nx^{n-1}$$

27. Differenzieren von x^n

Funktionen

In allen Beispielen des vorangehenden Abschnittsgibt es nur einen einzigen, eindeutigen Wert für y, der mit jedem gegebenen Wert für x korrespondiert.

Wann immer dies der Fall ist, sagen wir: y ist eine *Funktion* von x.

Somit wird y durch $y = x^2$ als Funktion von x definiert, nicht jedoch x als eine Funktion von y, da jeder gegebene (positive) Wert von y zwei mögliche Werte für x ergibt, einen positiven und einen negativen.

Zwei Grundregeln

Neben den spezifischen Ergebnissen, die wir bis hierher diskutiert haben, existieren zwei allgemeingültige Regeln, die sehr hilfreich sind:

1. $\dfrac{d}{dx}(u+v) = \dfrac{d}{dx}(u) + \dfrac{d}{dx}(v)$

2. Wenn c konstant ist, dann gilt
$\dfrac{d}{dx}(cy) = c\dfrac{d}{dx}(y)$.

Hier können u, v und y jede Funktion von x sein, die man differenzieren kann.

In Kapitel 6 werden wir beispielsweise feststellen, dass wir $4x - 2x^2$ differenzieren müssen. Regel 1 besagt, dass wir $4x$ und $-2x^2$ separat differenzieren und danach die Ergebnisse einfach addieren können. Und Regel 2 besagt, dass die Ableitung von $4x$ einfach 4 mal die Ableitung von x ist, also $4 \times 1 = 4$. In ähnlicher Weise ist die Ableitung von $-2x^2$ dann $-2 \times 2x = -4x$.

Auf den folgenden Seiten werden wir Rechentechniken dieser Art benötigen. Die dringlichere Frage wird jedoch sein: Wozu ist diese ganze Differentiation gut?

6

Das Größte und das Kleinste

Eine der wesentlichen Anwendungen des Calculus findet sich im Bereich der *Optimierung*, wo uns eine bestimmte Größe vorliegt und wir ihren größten oder kleinsten Wert suchen.

Auf dem Bauernhof …

Stellen Sie sich vor, Sie sind ein Bauer und möchten an einem Fluss ein rechteckiges Feld anlegen (Abb. 28). Für die drei nicht am Fluss gelegenen Seiten verfügen Sie über Zaunmaterial von sagen wir 4 km.

Wie ist das Ganze einzurichten, damit die umzäunte Fläche A *so groß wie möglich* wird?

Sollten Sie vielleicht eine quadratische Fläche wählen?

Zugegeben, mir ist nie wirklich ein Bauer begegnet, der etwas in der Art vorhatte, aber das Problem veranschaulicht einen bestimmten Aspekt des Calculus sehr gut.

Um das nachzuvollziehen, soll x die Breite des Feldes bezeichnen, sodass die zum Fluss parallele Seite des Feldes eine Länge von $4 - 2x$ hat.

Das Feld hat damit eine Fläche von $x(4 - 2x)$, also

$$A = 4x - 2x^2,$$

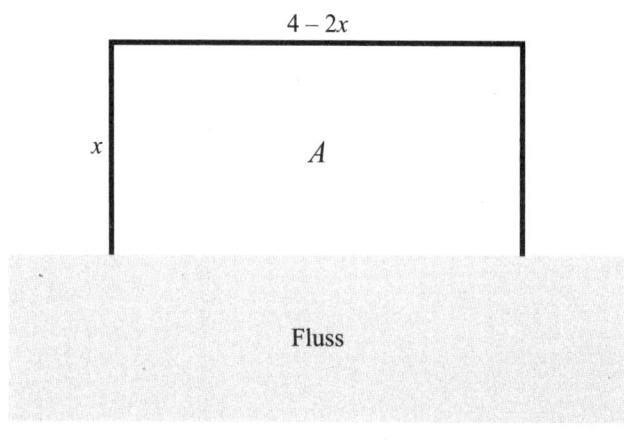

28. Ein Maximierungsproblem

und das Problem besteht darin, x so zu wählen, dass A maximiert wird.

Der entscheidende Schritt ist, nach x zu differenzieren, und das ergibt:

$$\frac{dA}{dx} = 4 - 4x$$

Schlicht gesagt: Wenn $x < 1$, dann ist dA/dx positiv und A wird mit steigendem x größer, wenn aber $x > 1$, dann ist dA/dx negativ und A nimmt mit steigendem x ab.

Dies hilft uns nicht nur, die Kurve zu skizzieren, die A über x darstellt (Abb. 29), sondern es zeigt uns selbstverständlich auch, dass der Maximalwert von A erreicht ist, wenn

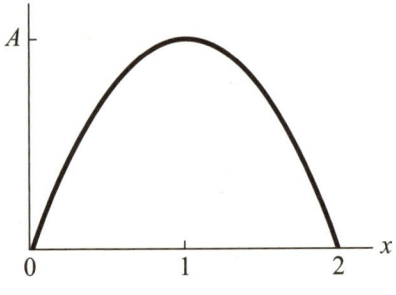

29. Wie *A* von *x* abhängt

und das heißt, wenn $x = 1$, denn das ist der Punkt, an dem *A* aufhört, mit *x* zu steigen, und wieder kleiner wird.

Und wenn $x = 1$, dann ist die zum Fluss parallele Seite $4-2x$, also 2. Demnach maximieren wir die Fläche, indem wir uns für ein Rechteck entscheiden, dessen Seiten im Verhältnis 2:1 stehen (Abb. 30).

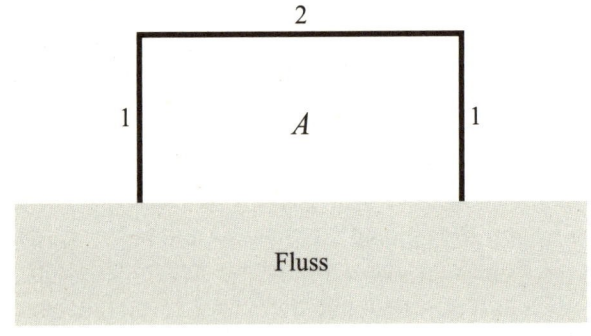

30. Die Lösung des Problems

Allgemeiner gesprochen ...

Die Idee, Optimierungsprobleme per Differentiation anzugehen, ist eine sehr machtvolle, insbesondere dank Fermat um etwa 1630. Doch auch hier sind ein paar Feinheiten zu beachten.

Bei einigen Problemen zum Beispiel führt die Festlegung von $dy/dx = 0$ zum Minimalwert von y (Abb. 31a).

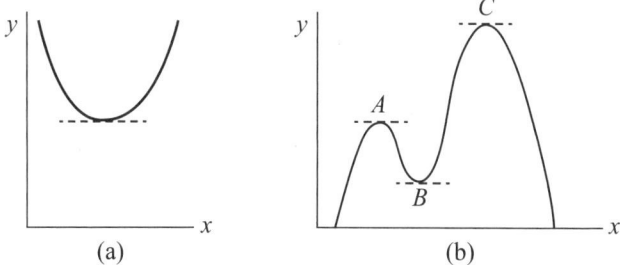

31. (a, b) Einige Optimierungsprobleme

Noch allgemeiner gesprochen kann es passieren, dass die Kurve von y gegen x aussieht wie Abb. 31b. Setzen wir dann $dy/dx = 0$, ergeben sich drei Werte für x, entsprechend den Punkten A, B und C. Wir benötigen weitere Arbeitsschritte, um zu zeigen, dass im Bereich der in Abb. 31b dargestellten Werte für x C der Maximalwert für y ist und dass keiner der drei Punkte den Minimalwert von y darstellt – im Bereich der in der Grafik dargestellten Werte für x.

$dy/dx = 0$ zu setzen, ist also immer nur ein Teil der Geschichte.

Wo hat man den besten Blick auf die Nelson-Säule?

Ich möchte dieses Kapitel gern mit einem meiner liebsten Optimierungsprobleme abschließen, auch wenn die Details hier einiges mehr an Rechentechniken erfordern, als wir bisher entwickelt haben.

Stellen Sie sich vor, Sie stehen auf dem Trafalgar Square in London und schauen hinauf zur Nelson-Säule.

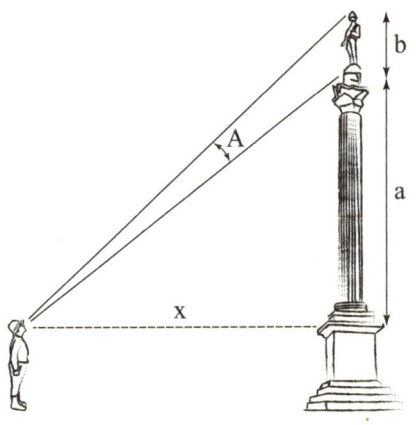

32. Von wo hat man den besten Blick?

Klar ist: Stehen Sie zu weit weg, dann ist Ihr Blick-Winkel A sehr klein. Er ist aber auch dann klein, wenn Sie zu nahestehen, denn dann sehen Sie Nelson sehr verzerrt.

In welcher Entfernung x also sollten Sie stehen, um A zu maximieren?

Der Calculus liefert schließlich die Antwort:

$$x = \sqrt{a(a+b)},$$

wobei b Nelsons Größe bezeichnet und a den Abstand seiner Füße zur Höhe Ihrer Augen über dem Boden.

Da b im Vergleich zu a in der Praxis sehr klein ist, sollten Sie im Winkel von etwa 45° hinaufschauen.

Aber achten Sie auf den Straßenverkehr!

7
Spiel mit der Unendlichkeit

Wir haben in Kapitel 3 bewiesen, dass die Fläche eines Kreises πr^2 beträgt, indem wir in einem N-seitigen Polygon N gegen unendlich gehen ließen, $N \to \infty$.

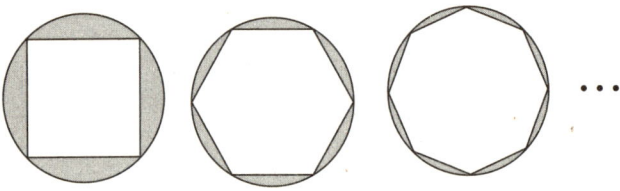

33. Annäherung an einen Kreis

Wir haben dieses Verfahren Archimedes zugeschrieben, es ist jedoch nicht exakt das, was Archimedes tut.

Archimedes beginnt mit der Annahme, dass die Kreisfläche *größer* sei als πr^2. Danach führt er ein eingeschriebenes Polygon ein, so wie wir oben, und zeigt, dass sich für einen ausreichend großen, aber endlichen Wert von N ein Widerspruch ergibt.

Dann geht er von der Annahme aus, dass die Fläche kleiner sei als πr^2, zeichnet ein Polygon, dessen Seiten den Kreis *von außen* berühren, und zeigt, dass für einen ausreichend großen Wert von N erneut ein Widerspruch entsteht.

Die einzig verbleibende Möglichkeit ist also, dass der Flächeninhalt des Kreises exakt πr^2 ist.

Diese Argumentationskette nennt man *reductio ad absurdum*, auf Deutsch ›Beweis durch Widerspruch‹.

Wie genau solche Widersprüche auftauchen, muss uns hier nicht interessieren. Worauf es ankommt, ist, dass N in dieser Argumentation niemals gegen unendlich geht, geschweige denn unendlich ist; die Anzahl der Polygon-Seiten N bleibt stets endlich.

In weitgehend ähnlicher Weise beweist Archimedes die Ergebnisse für eine Kugel (Abb. 34). Das Ergebnis für den Kegel stammt sogar aus einem noch früheren Werk von Eudoxus (um 360 v. Chr.).

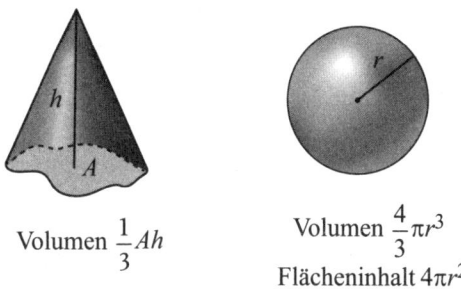

Volumen $\frac{1}{3}Ah$ Volumen $\frac{4}{3}\pi r^3$
Flächeninhalt $4\pi r^2$

34. Formeln für Kegel und Kugel

Wiederum geht hier an keiner Stelle irgendetwas ›gegen unendlich‹.

In ihren abschließenden, auf Hochglanz polierten Beweisführungen zumindest mieden die alten Griechen das Unendliche wie die Pest.

Mathematiker leben gefährlich

Im Jahr 1615 sah das etwas anders aus, und der deutsche Astronom Johannes Kepler fühlte sich offensichtlich recht wohl dabei, eine Kugel als eine unendliche Anzahl von Kegeln zu betrachten, die von deren Mittelpunkt ausgingen (Abb. 35).

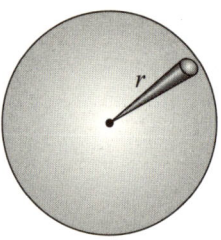

35. Keplers Ansatz zum Ermitteln des Kugelvolumens

Auf diese Weise, argumentierte er, sei es einfach, das Volumen einer Kugel aus ihrer Oberfläche zu berechnen.

Schließlich betrüge das Volumen jedes Kegels ⅓*r* mal seiner Grundfläche und die Grundflächen aller unendlich dünnen Kegel addieren sich zur Oberfläche der Kugel, $4\pi r^2$.

Somit müsse das Volumen

$$\frac{1}{3}r \times 4\pi r^2 = \frac{4}{3}\pi r^3$$

betragen, oder etwa nicht?

Etwas später präsentierte Bonaventura Cavalieri, einst Schüler Galileos, eine geniale neue Herangehensweise zur Ermittlung von Flächen und Volumina.

In Abb. 36 zum Beispiel haben die beiden geometrischen Figuren *auf jedem Niveau* (a) dieselbe Höhe und (b) dieselbe Breite bzw. horizontale Ausdehnung.

Laut Cavalieri also müssen beide Formen dieselbe Fläche besitzen.

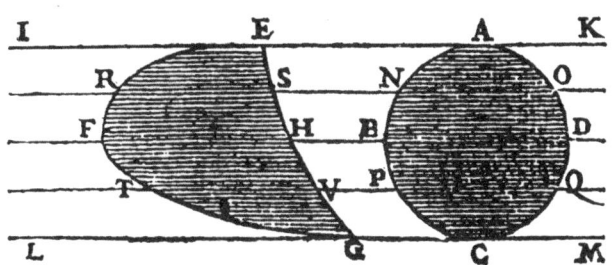

36. Aus Cavalieris *Exercitationes geometricae sex* (1647)

(In loser Analogie könnte man sagen: Wir verändern das Volumen eines Stapels Spielkarten nicht, indem wir einige von ihnen verrücken.)

Cavalieris Prinzip ermöglicht es uns, die Fläche (oder das Volumen) eines unübersichtlich geformten Objekts zu berechnen, indem wir uns auf eine deutlich einfachere Form beziehen.

Er scheint eine Fläche für eine Ansammlung unendlich vieler Linien zu halten, tatsächlich aber versucht Cavalieri dem Thema Unendlichkeit vollständig auszuweichen.

Noch etwas später schlug John Wallis, Inhaber des Savilischen Lehrstuhls für Geometrie in Oxford, alle Vorsicht in den Wind und machte sich das Unendliche mit solcher Zuversicht zu eigen, dass er sogar ein Symbol dafür erfand: ∞.

Wallis war ein brillanter Mathematiker, wie sich an folgendem außerordentlichen Produkt für π erkennen lässt:

$$\frac{\pi}{2} = \frac{2}{1} \times \frac{2}{3} \times \frac{4}{3} \times \frac{4}{5} \times \frac{6}{5} \times \frac{6}{7} \times \frac{8}{7} \times \frac{8}{9} \ldots,$$

das er 1655 entdeckte. Doch einiges von dem, was Wallis tat, würde man heute als geradezu gefährlich ansehen.

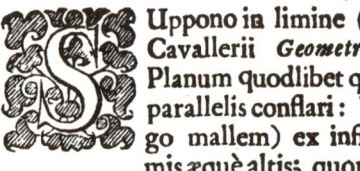

37. Erstes Erscheinen des ∞-Zeichens in John Wallis' Werk *De sectionibus conicis* (1655)

In Abb. 37 beispielsweise denkt Wallis über ein Parallelogramm nach, dessen Höhe ›unendlich klein‹ ist, und schreibt diese Höhe als 1/∞.

An anderer Stelle schreibt er sogar

$$\frac{1}{\infty} \times \infty = 1.$$

Heute halten wir das für kompletten Unsinn und betrachten ∞ überhaupt nicht als *Zahl*.

Auch damals schon überschüttete der Philosoph Thomas Hobbes, ein großer Bewunderer der Euklidischen Geometrie, Wallis' Ansatz mit Spott und schrieb:

»Ich glaube wahrhaftig, dass seit Anbeginn der Welt nichts derart Absurdes über die Geometrie geschrieben worden ist.«

Ein sicherer Ansatz

Sicherer ist es, sich einem gekrümmten Bereich durch eine endliche Anzahl einfacher Teile anzunähern und dann zu schauen, was geschieht, wenn die Anzahl der Teile steigt und die Teile selbst kleiner werden.

Nehmen wir zum Beispiel an, wir wollten die Fläche unter der Kurve $y = x^2$ zwischen $x = 0$ und $x = 1$ ermitteln. Wir können uns der Fläche mittels N Rechtecken annähern, jedes von der Breite $1/N$, wie in Abb. 38.

Mithilfe der Formel

$$1^2 + 2^2 + \ldots + N^2 = \frac{1}{6}N(N+1)(2N+1),$$

die seit Archimedes bekannt ist, können wir zeigen, dass die schattierte Fläche in Abb. 38

$$\frac{1}{6}\left(1 + \frac{1}{N}\right)\left(2 + \frac{1}{N}\right) \text{ ist.}$$

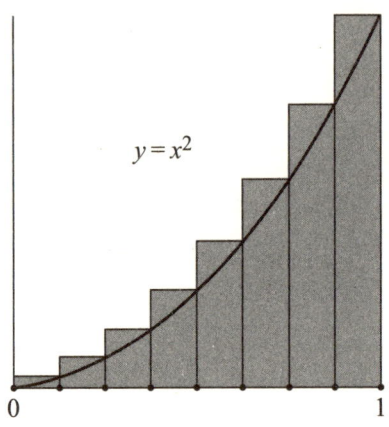

38. Annäherung an einen gekrümmten Bereich mittels Rechtecken

Wenn wir abschließend N gegen unendlich ($N \to \infty$) gehen lassen, sodass die Rechtecke immer schmaler und zahlreicher werden, und uns so dem gekrümmten Bereich immer mehr annähern, erhalten wir $\tfrac{1}{3}$ für die Fläche unter der Kurve.

In den 1630er-Jahren nutzten Fermat und andere solche Methoden, um zahlreiche verschiedene Flächen mit gekrümmten Rändern zu berechnen.

Aber in der Tat – es gibt noch einen anderen Weg.

8

Fläche und Volumen

»Sein Name ist Mr. Newton; ein Lehrerkollege an unserem College, & sehr jung ... aber von einer außerordentlichen Begabung und Tüchtigkeit in diesen Angelegenheiten.«
Isaac Barrow, Trinity College, Cambridge, in einem Brief von 1669

Angenommen, wir möchten die Fläche A unter einer Kurve berechnen.

Einfach gesagt: Verändern wir x, wird sich auch die Fläche verändern, und Newton hat gezeigt, dass sie es tatsächlich tut, und zwar genau in der Weise, wie in Abb. 39 zu sehen.

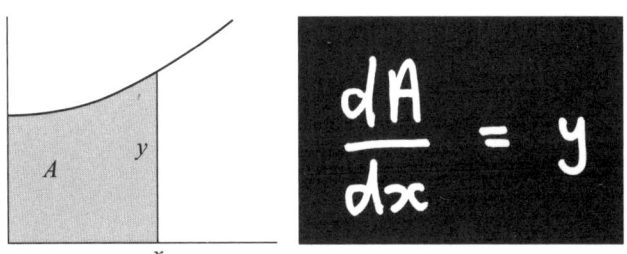

39. Der *Hauptsatz des Calculus*

Dieses Ergebnis, bezeichnet als *Hauptsatz des Calculus*, ist in der Tat sehr außergewöhnlich. Immerhin haben wir zumindest bei der Geometrie gesehen, dass es bei der Differentiation immer um die Bestimmung der Steigung einer Kurve geht.

Nun stellt sich heraus, dass das *Rückgängigmachen* (die Umkehrung) der Differentiation einen Weg zur Bestimmung einer Fläche darstellt.

Ich sage ›Rückgängigmachen‹, weil uns in der Praxis y gewöhnlich als Funktion von x in der Gleichung aus Abb. 39 bekannt ist und wir versuchen, A zu bestimmen.

Dieser Prozess des Rückgängigmachens bzw. Umkehrens der Differentiation heißt *Integration*.

Hier ein einfaches Beispiel.

Noch einmal die Fläche unter $y = x^2$

In diesem Fall gilt offensichtlich

$$\frac{dA}{dx} = x^2.$$

Um A zu bestimmen, müssen wir uns also fragen, welche Funktion von x, wenn differenziert, x^2 ergibt.

Nun, ein Blick zurück in Kapitel 5 erinnert uns daran, dass $3x^2$ die Ableitung von x^3 ist. Da sind wir schon nahe dran. Und die zweite ›Grundregel‹ besagt, dass x^2 die Ableitung von $\frac{1}{3} x^3$ ist.

An diesem Punkt braucht es etwas Sorgfalt, denn $\frac{1}{3} x^3$ ist nicht die einzige Funktion von x mit der Ableitung x^2. Die Ableitung einer Konstanten ist Null, somit könnten wir jede beliebige Konstante c hinzuaddieren und die Ableitung dA/dx bliebe unverändert x^2:

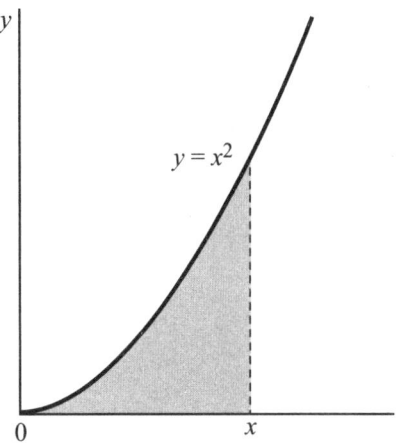

40. Die Fläche unter $y = x^2$

$$A = \frac{1}{3}x^3 + c$$

Nun müssen wir, wenn wir wie in Abb. 40 dargestellt die Fläche A unter der Kurve ab $x = 0$ messen, voraussetzen, dass $A = 0$, wenn $x = 0$. In unserem Fall ist also c tatsächlich Null und $A = \frac{1}{3}x^3$ die endgültige Antwort.

Insbesondere fällt auf: Wenn wir $x = 1$ setzen, hat die Fläche unter der Kurve $y = x^2$ zwischen $x = 0$ und $x = 1$ den Betrag $\frac{1}{3}$, was mit der abschließenden Erkenntnis aus Kapitel 7 übereinstimmt.

Beweis für *dA/dx* = *y*

Um zu verstehen, warum das funktioniert, gehen wir zurück zu Abb. 39 und stellen uns vor, dass x sehr leicht ansteigt auf $x + \delta x$. A steigt dann ebenfalls sehr leicht an und die zusätzliche Fläche wird ein hoher schmaler Streifen mit der Breite δx sein, wie in Abb. 41a zu sehen.

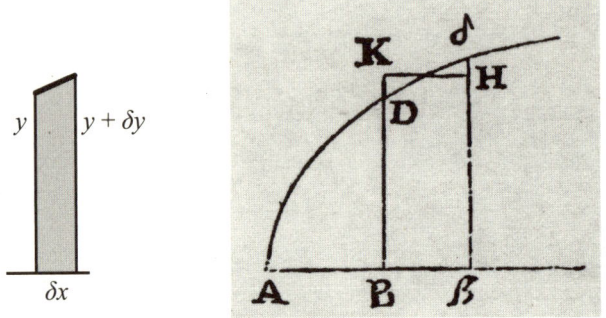

41. (a) Kleine Zunahme der Fläche. (b) Aus Newtons *De Analysi* (1669, erschienen 1711)

Plötzlich ist, grob gesprochen, ziemlich leicht erkennbar, warum $dA/dx = y$ ist, denn diese zusätzliche Fläche ist fast genau ein langes, schmales Rechteck der Breite δx und Höhe y, sodass fast genau $\delta a = y\delta x$.

Doch wir können unsere Beweisführung präziser fassen, wenn wir uns eine Idee aus einem frühen Manuskript Newtons ausleihen, das als *De Analysi* bekannt ist (Abb. 41b).

Es überrascht nicht, dass die Notation dort ziemlich anders aussieht: A, D und δ bezeichnen Punkte auf der Kurve und $B\beta$ entspricht unserem δx. Doch Newton stellt fest, dass die zusätzliche Fläche *exakt* die eines Rechtecks $B\beta HK$ mit der Breite δx und Höhe (in unserer Notation) *irgendwo zwischen y und $y + \delta y$* ist.

So steckt (in unserer Notation) $\delta A/\delta x$ also irgendwo zwischen y und $y + \delta y$ fest. Auf diese Weise erhalten wir, wenn wir abschließend $\delta x \to 0$ gehen lassen (und somit auch $\delta y \to 0$), das Ergebnis $dA/dx = y$.

Torricellis Trompete

Denselben Ansatz können wir nutzen, um Volumina zu bestimmen, und auch die Formeln für Kegel und Kugel aus Kapitel 7 können durchaus mittels Calculus hergeleitet werden, also mittels Methoden der Integration.

Ich möchte allerdings lieber ein weitaus exotischeres Beispiel betrachten.

1643 sorgte Evangelista Torricelli, ein weiterer Mathematiker und Schüler Galileos, für eine ziemliche Sensation, als er ein dreidimensionales Objekt entdeckte, das eine unendliche Ausdehnung, aber ein endliches Volumen hat.

Als Thomas Hobbes 30 Jahre später davon erfuhr, schrieb er:

> »Um den Sinn dessen zu verstehen, muss ein Mensch kein Geometriker oder Logiker sein, sondern er muss verrückt sein.«

Doch hatte Torricelli Recht?

Um das herauszufinden, benutzen wir ein wenig Calculus.

Sein Beispiel war ein trompetenförmiges Objekt, das wir erhalten, indem wir die Kurve $y = 1/x$ von $x = 1$ bis ins Unendliche um die x-Achse rotieren lassen (Abb. 42).

Das Volumen V des schattierten Bereichs (gemessen ab dem Ende der Trompete bei $x = 1$) hängt ganz offensichtlich von x ab, und wenn wir x um einen kleinen Betrag auf $x + \delta x$ erhöhen, ist das zusätzliche Volumen δV im Prinzip eine dünne kreisrunde Scheibe mit dem Radius y und der Dicke δx. Die Fläche dieser Scheibe ist πy^2 und wir erhalten fast genau $\delta V = \pi y^2 \delta x$.

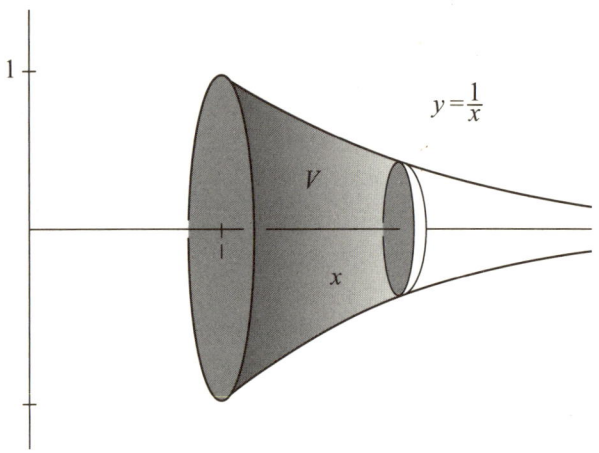

42. Torricellis Trompete

Daraus schließen wir, dass V von x in folgender Weise abhängen muss:
$$\frac{dV}{dx} = \pi y^2,$$
was im Wesentlichen eine dreidimensionale Entsprechung zur Gleichung $dA/dx = y$ vom Anfang dieses Kapitels darstellt.

In unserem speziellen Fall ist nun $x = 1/x$, also
$$\frac{dV}{dx} = \frac{\pi}{x^2},$$

und wir können mithilfe mit unserer jüngsten Erfahrung (und einem weiteren Blick zurück in Kapitel 5) ziemlich unmittelbar integrieren:

$$V = -\frac{\pi}{x} + c,$$

wobei c eine Konstante ist.

Und diesmal ist die Konstante nicht Null: Wir wissen, dass V am Ende der Trompete (bei $x = 1$) Null betragen muss, weil sie von dort gemessen wird. Somit gilt $c = \pi$, und unser abschließendes Ergebnis lautet:

$$V = \pi\left(1 - \frac{1}{x}\right)$$

Wenn wir den Grenzwert $x \to \infty$ nehmen, entsprechend der gesamten Trompete, gilt $V \to \pi$, was ganz sicher endlich ist.

Torricelli hatte also Recht.

Kaum zu glauben

Der Calculus hat viele weitere Überraschungen zu Fläche und Volumen zu bieten, auch wenn sie nicht immer von großem Nutzen sind.

Kugelförmiges Brot
Wenn die Scheiben eines kugelförmigen Brotes alle gleich dick sind, welche Scheibe hat dann die meiste Kruste?

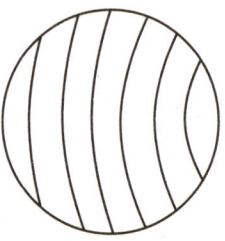

43. Kugelförmiges Brot

Die Antwort lautet – überraschenderweise –, dass alle Scheiben gleich viel Kruste (also Brot-Oberfläche) haben, was bereits Archimedes bekannt war.

Das Pizza-Theorem
Wir nehmen einen beliebigen Punkt P innerhalb eines Kreises und machen zwei senkrecht zueinanderstehende Schnitte. Dann machen wir zwei weitere Schnitte als Winkelhalbierende der bestehenden Schnitte.

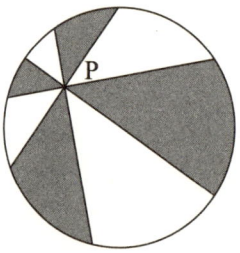

44. Pizza gerecht teilen

Die vier schattierten Pizzastücke haben dann dieselbe Fläche wie die vier unschattierten – eine ziemlich exotische Methode, eine Pizza in zwei gleiche Teile zu teilen.

Zum Erdkern ...
Ein zylindrisches Loch der Tiefe L wird durch eine Kugel gebohrt und durchläuft exakt die Mitte.

Welches Volumen an Material verbleibt?

Antwort: $\frac{1}{6}\pi L^3$, und zwar *unabhängig davon, wie groß die Kugel ist.*

Wenn wir also ein Loch von 6 cm Tiefe durch eine Kugel von der Größe eines Apfels bohren, bleiben 36π cm³ übrig.

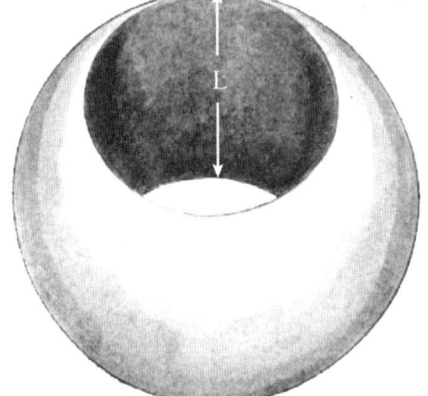

45. Ein Loch durch eine Kugel

Und wenn wir ein Loch von 6 cm Tiefe durch eine Kugel von der Größe der *Erde* bohren, bleiben wiederum 36π cm³ übrig.

Das scheint zunächst vielleicht unglaublich, bis wir uns klarmachen, dass bei einem Loch von 6 cm *Tiefe* nicht viel ›Erde‹ übrigbleibt – nur ein sehr schmaler (6 cm breiter) Ring um den Äquator herum.

9

Unendliche Reihen

Wie wir bereits gesehen haben, können unendliche Reihen eine endliche Summe ergeben:

$$\frac{1}{4}+\frac{1}{4^2}+\frac{1}{4^3}+\ldots=\frac{1}{3}$$

Doch um diese Idee im Calculus anzuwenden, müssen wir unseren Blickwinkel etwas erweitern und uns Reihen anschauen, in denen die einzelnen Terme Funktionen von x sind.

Die einfachste ist die sogenannte *geometrische Reihe*:

$$1+x+x^2+x^3+\ldots=\frac{1}{1-x}$$
$$\text{für} -1<x<1$$

Und wir verfügen über einen bemerkenswert einfachen Weg, dieses spezielle Ergebnis zu beweisen.

Wir beginnen damit, die Summe s_n der ersten n Terme aufzuschreiben, und multiplizieren dann mit x:

$$s_n = 1+x+x^2+\cdots+x^{n-1}$$
$$xs_n = x+x^2+\cdots+x^n$$

Wenn wir die Gleichungen subtrahieren, ergibt sich eine spektakuläre Menge an Streichungen auf der rechten Seite, und es bleibt

$$(1-x)s_n = 1 - x^n.$$

Zuletzt setzen wir den Grenzwert als $n \to \infty$. Sofern $-1 < x < 1$, ergibt sich $x^n \to 0$, und somit $s_n \to 1(1-x)$. Dies vervollständigt den Beweis.

Als speziellen Fall könnten wir beispielsweise $x = ¼$ setzen und erhalten ¾ als Summe der unendlichen Reihe. Wir subtrahieren 1 auf beiden Seiten und erhalten

$$\frac{1}{4} + \frac{1}{16} + \frac{1}{64} + \cdots = \frac{1}{3}$$

in Übereinstimmung mit unserem früheren ›Bildbeweis‹.

Setzen wir hingegen $x = -½$, entsteht eine Reihe mit wechselnden Vorzeichen:

$$1 - \frac{1}{2} + \frac{1}{4} - \frac{1}{8} + \cdots = \frac{2}{3}$$

Die laufende Summe s_n oszilliert also (Abb. 46), konvergiert jedoch schnell, sodass s_n nach nur sechs oder sieben Termen dem Grenzwert ⅔ schon sehr nahekommt.

Dies sind jedoch spezielle Fälle. Wir haben gezeigt, dass die Reihe

$$1 + x + x^2 + x^3 + \cdots$$

für jeden Wert von x im Bereich $-1 < x < 1$ gegen die Summe $1/(1-x)$ konvergiert.

Und hier besteht, wie ich meine, leicht die Gefahr, dass uns die Bedingung für x recht ›offensichtlich‹ erscheint. Immerhin ist sie es, die sicherstellt, dass die

Größe der einzelnen Terme *kleiner* wird (und nicht größer), wenn die Reihe voranschreitet.

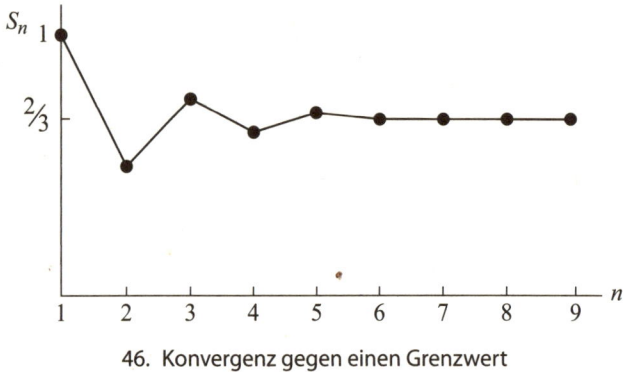

46. Konvergenz gegen einen Grenzwert

Konvergenz kann jedoch eine sehr heikle Angelegenheit sein, und ganz allgemein wird sich zeigen, dass kleiner werden *nicht ausreicht*.

Eine divergente Reihe

Betrachten wir zum Beispiel

$$1+\frac{1}{2}+\frac{1}{3}+\frac{1}{4}+\frac{1}{5}+\cdots.$$

Auch hier werden die einzelnen Terme stetig kleiner, doch hat in diesem Fall die Reihe keine endliche Summe, denn wir können die laufende Summe so groß werden lassen, wie wir möchten, indem wir immer mehr Terme hinzufügen.

Bewiesen hat das bereits 1350 der französische Gelehrte Nicole Oresme und der Beweis ist von verblüffender Einfachheit. Nach dem ersten Term gruppiert er die weiteren einfach in der folgender Weise:

$$\frac{1}{2}$$
$$\frac{1}{3}+\frac{1}{4}$$
$$\frac{1}{5}+\frac{1}{6}+\frac{1}{7}+\frac{1}{8}$$
$$\vdots$$

sodass jede neue Gruppe doppelt so viele Terme enthält wie die vorhergehende.

Oresme stellt daraufhin fest, dass $\frac{1}{3}+\frac{1}{4}$ größer ist als $\frac{1}{4}+\frac{1}{4}=\frac{1}{2}$, dass die folgende Gruppe größer ist als $\frac{1}{8}+\frac{1}{8}+\frac{1}{8}+\frac{1}{8}=\frac{1}{2}$, dass die nächste Gruppe größer ist als $8\times\frac{1}{16}=\frac{1}{2}$ und so weiter bis unendlich.

Und da $\frac{1}{2}+\frac{1}{2}+\frac{1}{2}+\ldots$ nicht gegen eine endliche Summe konvergiert, folgt, dass auch die hier in Frage stehende Reihe es nicht kann.

Diese Geschichte mahnt zur Vorsicht und sie hat gewichtige Folgen, wie wir später noch sehen werden.

Ich möchte dieses Kapitel jedoch mit etwas ganz anderem beschließen. Denn dieses spezielle Ergebnis hat eine praktische Anwendung – wenngleich eine ziemlich exotische.

Extremes Schachtelstapeln

Stellen Sie sich vor, Sie stapeln ein paar Schachteln so übereinander, dass sich die Säule gefährlich ausladend über die Tischkante lehnt.

Wenn jede Schachtel eine Länge von 1 hat, wie groß darf der Überhang werden, bevor der ganze Stapel der Schwerkraft folgend kippt?

Mit nur einer Schachtel ist der maximale Überhang offensichtlich ½, mit 4 Schachteln jedoch steigt er auf

$$\frac{1}{2}\left(1+\frac{1}{2}+\frac{1}{3}+\frac{1}{4}\right),$$

was etwas größer ist als 1, sodass sich kein Stück der obersten Schachtel mehr direkt über dem Tisch befindet (Abb. 47).

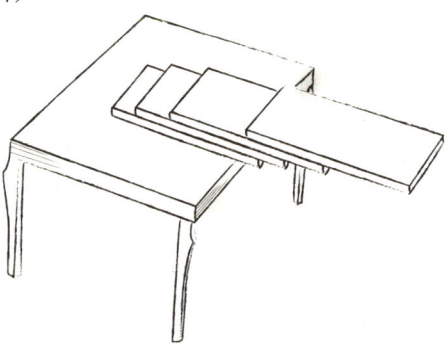

47. Überhang bei 4 Schachteln

Wollen wir einen Überhang von mehr als zwei Schachtel-Längen, kommen wir mit 31 Schachteln gerade so hin (Abb. 48), denn der maximale Überhang beträgt in diesem Fall

$$\frac{1}{2}\left(1+\frac{1}{2}+\cdots+\frac{1}{31}\right)=2{,}0136$$

Und so geht es immer weiter bis zu einem maximalen Überhang mit *n* Schachteln:

$$\frac{1}{2}\left(1+\frac{1}{2}+\cdots\cdots+\frac{1}{n}\right)$$

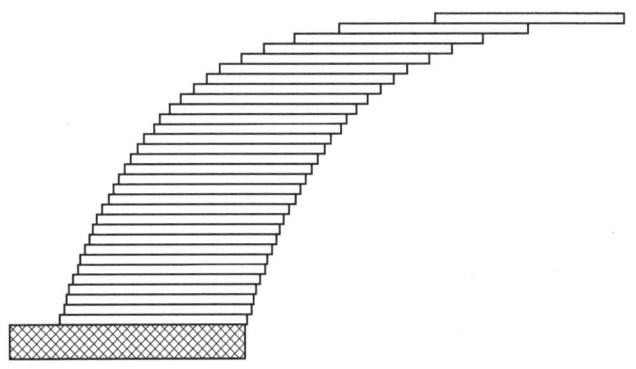

48. Überhang bei 31 Schachteln

Etwas überraschend ist, dass wir den Überhang *so groß* werden lassen können, *wie wir möchten* – sofern wir genügend Schachteln haben –, denn die unendliche Reihe

$$1+\frac{1}{2}+\frac{1}{3}+\frac{1}{4}+\cdots$$

divergiert mit keiner endlichen Summe.

Ich muss allerdings zugeben, dass ich mir nie klargemacht hatte, wie außerordentlich langsam sie divergiert, bis ich eines Tages zwischen sehr, sehr vielen Pizza-Schachteln in einer Mathematik-Show in einem großen Stadttheater saß.

Vor Beginn der Show kalkulierte ich, nur so aus Interesse, wie hoch die Säule nach obigem Modell wohl sein müsste, wenn ich einen Überhang quer über die ganze Bühne erreichen wollte.

Die Antwort: 5,8 Lichtjahre.

10

›Zu viel Begeisterung‹

Integration bzw. das Rückgängigmachen der Differentiation birgt häufig ziemliche Herausforderungen und kann erheblichen Einfallsreichtum erfordern.

Doch unendliche Reihen können helfen. Wie? Lassen Sie uns dafür für einen Moment lang Newtons Fußspuren folgen und versuchen, die Fläche unterhalb der Kurve in Abb. 49 zu bestimmen, und zwar zwischen 0 und x.

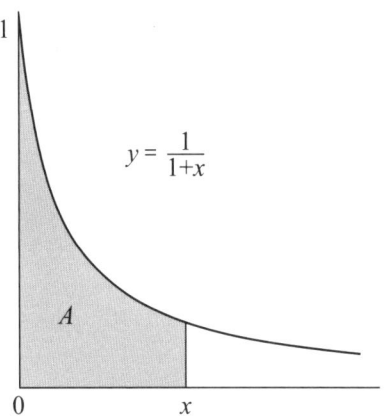

49. Fläche unter einer Hyperbel

Zunächst können wir natürlich schreiben

$$\frac{dA}{dx} = \frac{1}{1+x}.$$

Doch welche Funktion von x ist uns bekannt, die als Differentiation $1/(1 + x)$ ergibt? Unser bisheriges begrenztes Repertoire, das wir aus Kapitel 5 kennen, enthält die Antwort jedenfalls nicht – und bietet auch nicht viele Hinweise.

Und doch gibt es einen Weg – wenn wir die Funktion $1/(1 + x)$ als *unendliche Reihe* umschreiben:

$$\frac{1}{1+x} = 1 - x + x^2 - x^3 + \cdots$$

$$\text{für} -1 < x < 1$$

Es sieht zwar etwas anders aus, ist tatsächlich aber dasselbe Ergebnis wie in Kapitel 9. (Wenn wir hier etwa $x = \frac{1}{2}$ setzen, so erhalten wir dasselbe Ergebnis wie bei $x = -\frac{1}{2}$ dort.)

Jetzt ist es vergleichsweise simpel, einfache Potenzen von x zu integrieren, denn Folgendes wissen wir aus Kapitel 5:

y	dy/dx
x	1
$x2$	$2x$
$x3$	$3x2$
x^4	$4x3$
⋮	

Das Integral von x ist $x^2/2$ (plus eine Konstante), aus x^2 wird $x^3/3$ und so weiter.

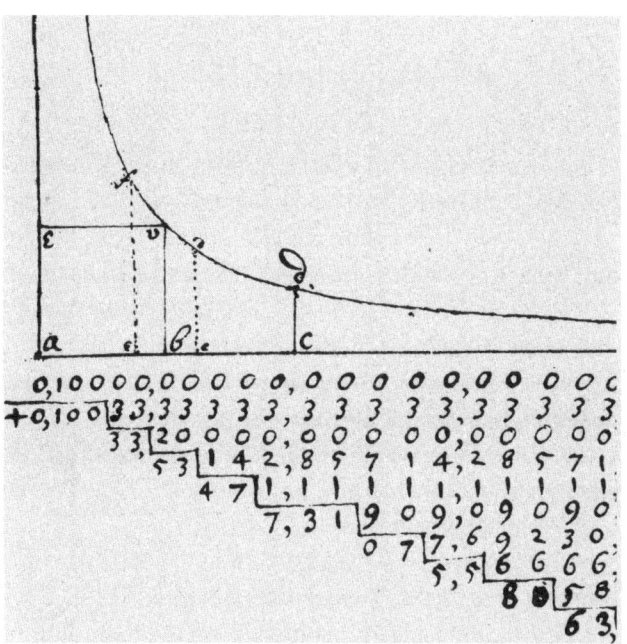

50. Zwei Details aus einem frühen Manuskript Newtons (um 1665) zur Fläche unter einer Hyperbel $y = a^2/(a + x)$. Nur ein kleiner Ausschnitt aus dieser gewaltigen Berechnung (mit $a = 1$) ist hier sichtbar.

Auf diese Weise erhält unsere Gleichung die neue Form

$$\frac{dA}{dx} = 1 - x + x^2 - x^3 + \cdots$$

und wir können sie Term für Term integrieren. Unter der Bedingung, dass $A = 0$, wenn $x = 0$, erhalten wir

$$A = x - \frac{x^2}{2} + \frac{x^3}{3} - \frac{x^4}{4} + \cdots$$

für $0 < x < 1$.

Im Prinzip können wir A damit bis zu jeder beliebigen Genauigkeitsstufe berechnen, indem wir genügend Terme in die Reihe nehmen. Praktisch geht das am besten, wenn x recht klein ist, sodass die jeweils folgenden Terme rasch kleiner werden.

In Abb. 50 sehen wir einige Details aus einem sehr frühen Manuskript Isaac Newtons, in dem er im Wesentlichen genau dies tut. Er versucht, die Fläche zwischen $x = 0$ und $x = 0{,}1$ mit geradezu absurder Genauigkeit zu berechnen.

In seinen eigenen Worten:

»Im Sommer 1665, durch die Pest gezwungen, Cambridge zu verlassen, berechnete ich in Boothby, Lincolnshire, die Fläche der Hyperbel auf zweiundfünfzig Ziffern genau.«

Die wahre Quelle von Newtons Begeisterung, das sei fairnesshalber angemerkt, lag darin, dass er eine *allgemeine* Methode gefunden hatte, um diese Art von Berechnung anzustellen, wie wir im weiteren Verlauf des Buches sehen werde.

Und doch schrieb er einige Jahre später:

»Ich schäme mich zu berichten, in wie viele verschiedene Richtungen ich diese Berechnungen trug, da ich zu der Zeit nichts anderes zu tun hatte: Denn damals überkam mich wegen dieser Entdeckungen einfach zu viel Begeisterung ...«

11

Dynamik

Wir wenden uns nun dem vierten und letzten Strang in der frühen Entwicklung des Calculus zu, und zwar der *Dynamik*.

Es liegt in der Natur der Sache, dass wir zunächst zum fallenden Apfel von Kapitel 1 zurückkehren. Dort haben wir gesehen, dass die im Fall jeweils zurückgelegte Strecke s proportional ist zu t^2, für gewöhnlich geschrieben wie in Abb. 51 gezeigt.

51. Noch einmal der fallende Apfel

Die Konstante g hat eine besondere Bedeutung und mithilfe des Calculus lässt sich leicht zeigen, worin sie besteht.

Man beachte zunächst, dass die Fall-Geschwindigkeit des Apfels v schlicht die Rate ist, mit welcher die Distanz s mit der Zeit wächst. Also ist $v = ds/dt$, und da $2t$ die Ableitung von t^2 ist, ergibt sich

$$v = gt.$$

Somit erhöht sich die Fallgeschwindigkeit des Apfels mit der Zeit, wie schon zu Anfang des Buches beobachtet.

Zudem ist die Beschleunigung schlicht die Rate, mit der die Geschwindigkeit mit der Zeit zunimmt, also

$$\frac{dv}{dt} = g.$$

Die Konstante g bezeichnet demnach die schwerkraftbedingte Abwärts-Beschleunigung, welche näherungsweise 9,81 m/s^{-2} beträgt.

Geschwindigkeit und Beschleunigung

Bevor wir uns hiermit eingehender befassen, muss ich den Unterschied zwischen Geschwindigkeit als skalarer Größe, also als Betrag *(speed)*, und als vektorieller Größe *(velocity)* betonen, der sowohl in der Mathematik als auch in den Naturwissenschaften besteht.

Speed ist einfach eine positive Größe, *velocity* dagegen ist eine Vektorgröße und besitzt demzufolge sowohl einen Betrag als auch eine Richtung.

So haben die beiden in Abb. 52 gezeigten Bewegungen zwar skalar, als Betrag, dieselbe Geschwindigkeit *(speed)*, bewegen sich jedoch mit diesem Betrag in verschiedene Richtungen *(velocity)*.

Diese Unterscheidung wird umso wichtiger, sobald wir beginnen, über Beschleunigung zu sprechen.

52. Zwei unterschiedliche vektorielle Geschwindigkeiten *(velocities)*

Wenn wir mit dem Auto fahren, neigen wir dazu, Beschleunigung als Änderungsrate der skalaren Geschwindigkeit zu verstehen, unabhängig von der Richtung unserer Bewegung.

Mathematisch und naturwissenschaftlich ist das nicht korrekt. Beschleunigung ist nicht die Änderungsrate der Geschwindigkeit als Betrag, sondern die Änderungsrate der vektoriellen Geschwindigkeit.

Auch wenn sich ein Objekt also mit konstantem Geschwindigkeitsbetrag bewegt, unterliegt es einer Beschleunigung ungleich Null, sobald die Bewegungsrichtung sich ändert.

Und die Beschleunigung selbst ist, wie auch die vektorielle Geschwindigkeit, eine Vektorgröße mit Betrag und Richtung.

Kraft und Beschleunigung

Der Grund, weshalb Beschleunigung in der Dynamik so wichtig ist, liegt darin, dass für ein Objekt mit konstanter Masse gilt:

Kraft = Masse × Beschleunigung

Dieses grundlegende Gesetz der Dynamik geht im Wesentlichen auf Newton zurück, obwohl er es in genau diesen Begriffen nie formuliert hat.

53. Der Schwerkraft trotzen

Abb. 53 zeigt beispielsweise Personen im Inneren einer riesigen, schnell rotierenden Trommel auf einem Jahrmarkt in den 1950ern. Der einzige Grund, weshalb sie nicht nach unten fallen, ist die starke Reibungskraft an der Wand, die sie entgegen der Schwerkraft oben hält.

Die Reibungskraft selbst ist eine Folge der Art, wie die Wand auf jede Masse *m* eine starke Kraft nach *innen* in Richtung der Rotationsachse ausübt, während sie sich entlang ihrer Kreisbahn bewegt.

Und Grund für diese nach innen gerichtete Kraft – so seltsam dies zunächst erscheinen mag – ist die Tatsache, dass jede Person und jedes Objekt *kontinuierlich in Richtung der Kreismitte beschleunigt wird.*

Kreisbewegung

Wenn ein Objekt sich mit konstanter Geschwindigkeit *v* auf einer Kreisbahn mit Radius *r* bewegt, unterliegt es einer Beschleunigung v^2/r in Richtung der Mitte.

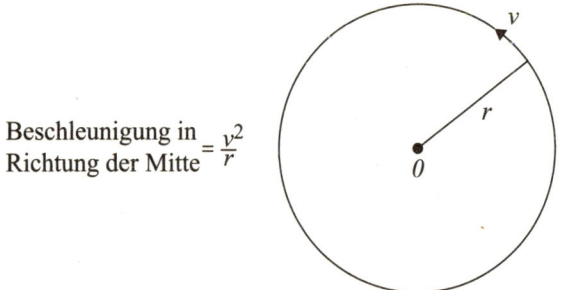

54. Beschleunigung in der Kreisbewegung

Um das zu veranschaulichen, wählen wir einen Ansatz nach Art des Calculus, indem wir annehmen, das Objekt befinde sich an einem bestimmten Punkt, um dann zu schauen, wo es sich sehr kurze Zeit später befindet.

Nehmen wir also an, es befinde sich zu einer bestimmten Zeit an Punkt P (Abb. 55).

Würde es nicht beschleunigen, müsste es sich mit derselben alten Geschwindigkeit in *dieselbe alte Richtung* bewegen, also entlang der Tangente an P, und wäre um die Zeitspanne t später an Punkt R, wobei es eine Strecke vt zurückgelegt hätte.

Setzen wir Q als den Punkt, an dem die gerade Linie QR auf den Kreis trifft.

Jetzt nehmen wir an, die verstrichene Zeit t sei sehr klein, sodass vt viel kleiner ist als r. Die Punkte Q und R befinden sich dann sehr nahe bei P.

In diesem Fall (und nur in diesem) sind die Abstände PQ und PR fast genau gleich, sodass sich zur Zeit t das Objekt, das sich mit der Geschwindigkeit v auf der Kreisbahn bewegt hat, sehr nahe an Punkt Q befindet.

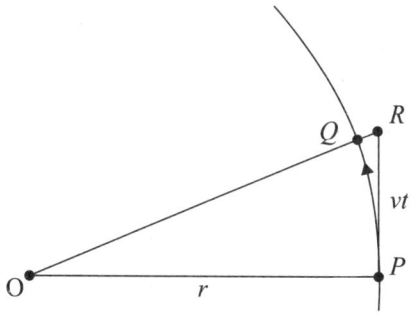

55. Beweis, dass Beschleunigung = v^2/r

Das Objekt ist also um die Distanz QR in Richtung O ›gefallen‹, und da QR im Vergleich zu r sehr klein ist, findet die letzte Formel aus Kapitel 2 Anwendung und sagt uns (etwas umarrangiert), dass $QR = (Vt)^2/2r$.

Dies jedoch lässt sich umformulieren zu

$$QR = \frac{1}{2}\left(\frac{v^2}{r}\right)t^2,$$

und wir sehen, dass dies exakt die Formel ½gt^2 für den fallenden Apfel ist, jedoch mit einem anderen konstanten Faktor, nämlich v^2/r anstelle von g.

Und eben deshalb stellt v^2/r die Beschleunigung in Richtung der Mitte in der Kreisbewegung dar.

12

Newton und die Planetenbewegung

> »Da geht der Mann, der ein Buch geschrieben hat, das weder er noch sonst irgendjemand versteht.«
> *Anmerkung eines Studenten in Cambridge, kurz nach Veröffentlichung von Newtons* Principia *(1687)*

Die Erzählung von der Planetenbewegung ist eine der größten der Wissenschaftsgeschichte, und die zentralen Ideen des Calculus spielen dabei eine Schlüsselrolle, wenn auch in etwas versteckter Weise.

Eigentlich aber beginnt alles mit der Geometrie der Ellipse im alten Griechenland.

Um eine Ellipse zu zeichnen, markiert man zwei Brennpunkte H und I und legt eine Schlinge darum. Dann strafft man die Schnur und bewegt den Punkt E, wie in Abb. 56 zu sehen.

Ist die Schlinge sehr lang, wird die Ellipse beinahe kreisrund, reicht sie dagegen kaum um die beiden Brennpunkte herum, wird sie sehr lang und schmal.

Und nur für den Fall, dass Ihnen dies von der Idee der Planetenbewegung unglaublich weit entfernt erscheint: Das *war* es tatsächlich, bis …

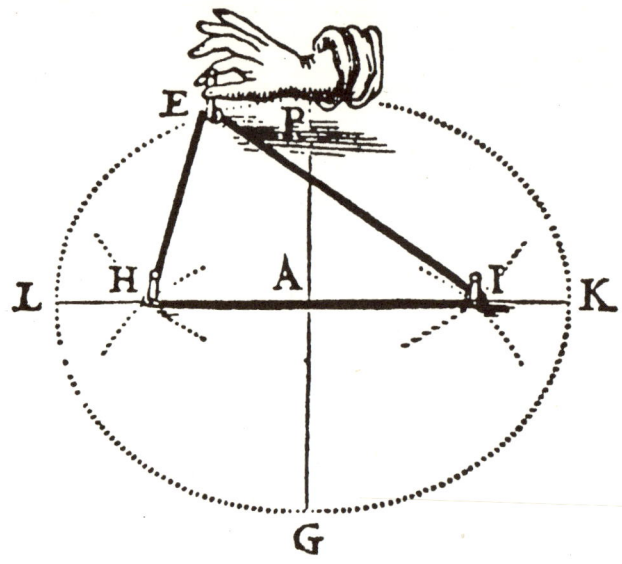

56. Eine Ellipse aus van Schootens
Exercitationum Mathematicorum (1657)

Die Kepler'schen Gesetze

1609, nach einer außerordentlich mühevollen Analyse der astronomischen Beobachtungen der Planeten, schlug Johannes Kepler folgendes vor:

1. Die Planeten bewegen sich auf elliptischen Bahnen. In einem ihrer Brennpunkte steht die Sonne.

2. Eine von der Sonne zu einem Planeten gezogene Linie überstreicht in gleichen Zeiten gleich große Flächen.

Im ersten Gesetz geht es um die Form der Umlaufbahn, im zweiten um die variierende Geschwindigkeit, mit der ein Planet seine Umlaufbahn durchläuft, wobei er sich in der Nähe der Sonne schneller bewegt und weiter draußen langsamer, sodass die in gleicher Zeitspanne jeweils überstrichenen Flächen gleich sind.

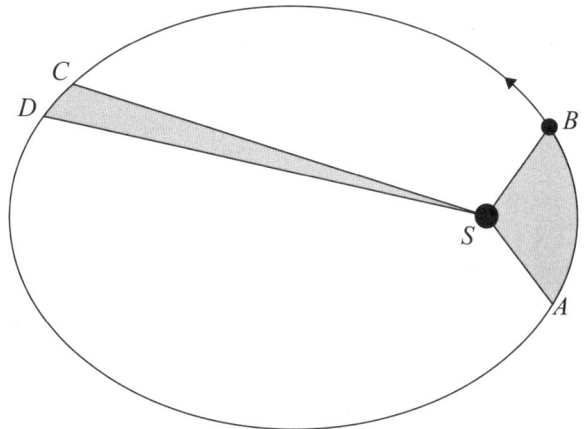

57. Das Kepler'sche Gesetz vom Flächensatz

Daten der Umlaufbahnen der sechs zu Keplers Zeit bekannten Planeten

	$\overline{r}$ (Einheiten von $\overline{r}_{Erde}$)	T (Jahre)
Merkur	0.387	0.241
Venus	0.723	0.615
Erde	1.000	1.000
Mars	1.524	1.881
Jupiter	5.203	11.862
Saturn	9.539	29.46

Etwas später, 1619, fügte Kepler ein drittes Gesetz hinzu:

3. Die Umlaufzeiten T der verschiedenen Planeten nehmen mit $\bar{r}$ (dem mittleren Abstand von der Sonne) zu, und zwar ist

   T^2 proportional zu $\bar{r}^{\,3}$.

Während wir heute die Kepler'schen Gesetze als Meilensteine der Wissenschaftsgeschichte verstehen, wurden sie zu Newtons Zeiten mit einiger Skepsis betrachtet. Das zweite Gesetz zur überstrichenen Fläche wurde als besonders zweifelhaft angesehen.

Nur das dritte Gesetz, T^2 proportional zu $\bar{r}^{\,3}$, erlangte allgemeinere Anerkennung und ebnete schließlich den Weg zu einer Gravitationstheorie der Planetenbewegung.

Ein umgekehrt-quadratisches Gesetz der Gravitation?

In moderner Terminologie lautet die Argumentation etwa so:

Die Planetenbahnen sind nur leicht elliptisch. Wenn wir sie also näherungsweise als Kreise beschreiben, können wir Keplers drittes Gesetz anwenden, um herauszufinden wie v, und somit v^2/r, vom Radius r abhängt.

Die Umlaufzeit ist Umfang dividiert durch Betrag der Geschwindigkeit *(speed)*, $2\pi r/v$. Also bedeutet Keplers drittes Gesetz, dass r^2/v^2 proportional zu r^3 ist und somit v^2 proportional zu $1/r$ sein muss.

Dies wiederum bedeutet, dass v^2/r, die Beschleunigung in Richtung O, proportional zu $1/r^2$ sein muss.

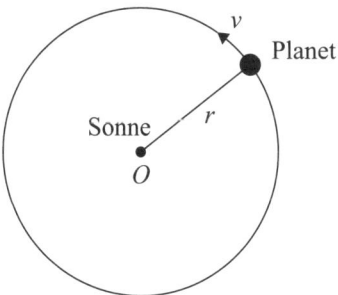

58. Kreisbahn als Annäherung an die Planetenbewegung

Und da Beschleunigung durch eine Kraft ausgelöst wird, führt dies zur Annahme einer Anziehungskraft in Richtung der Sonne, *die proportional zu $1/r^2$ ist.*

Nun haben Newton und möglicherweise auch andere in den späten 1660ern sicherlich eine Berechnung dieser Art durchgeführt, doch das Ergebnis wird, aus zwei Gründen, nicht so eindeutig gewesen sein.

Erstens war die Verbindung zwischen Kraft und (wie wir es heute nennen) Beschleunigung noch nicht klar bewiesen.

Zweitens schien Newton, obwohl er die Größe v^2/r (mittels einer Beweisführung ähnlich der in Kapitel 11) bestimmt hatte, Zweifel zu haben, was sie bedeutete; einmal bezog er sich darauf als ›ein Bestreben *ausgehend vom* Mittelpunkt‹ (meine Hervorhebung).

Außerdem gab es ein noch viel ernsteres Problem: Planetenbahnen sind nicht wirklich Kreise, sie sind Ellipsen.

Newton geht erneut zum Angriff über

Zehn Jahre später, 1679, und zum Teil angeregt durch einen Brief von Robert Hooke, befasste sich Newton erneut mit dem Problem.

Und er zeigte bald: Wenn ein Planet P einer Kraft ausgesetzt ist, die sich stets auf denselben fixen Punkt S richtet, dann überstreicht die Linie SP eine Fläche mit konstanter Rate, also gleich große Flächen in gleichen Zeiten.

Dieses Ergebnis, das für eine Planetenumlaufbahn jeglicher Form gilt, war ein echter Durchbruch. Denn Keplers zweites Gesetz – falls es zutraf – konnte auf dieser Grundlage umgehend erklärt werden, indem man annahm, dass die Anziehungskraft, die auf jeden Planeten wirkt, immer auf die Sonne gerichtet ist.

Und doch bot dieser Durchbruch nicht den geringsten Hinweis auf die Größe dieser Kraft oder inwiefern sie von r abhing.

Dazu kam erst viel später, als Newton schließlich zeigte: Wenn die Umlaufbahn außerdem eine Ellipse mit der Sonne S in einem Brennpunkt ist, dann muss die Kraft tatsächlich proportional zu $1/r^2$ sein.

Aus der Perspektive des vorliegenden Buches ist besonders interessant, wie Newton dabei vorging.

Bei einem ersten Blick in die Manuskripte werden wir von Geometrie geradezu überschüttet. Doch was wie pure Geometrie aussieht, wie in Abb. 59, ist keine. Der Planet befindet sich am Punkt P und bewegt sich dann weiter zu Q, doch am Schluss lässt Newton Q immer näher an P heranrücken. Das bedeutet in unserer Terminologie: Wenn δt die Zeit ist, die zwischen P und Q verstreicht, dann lässt er letztendlich $\delta t \to 0$.

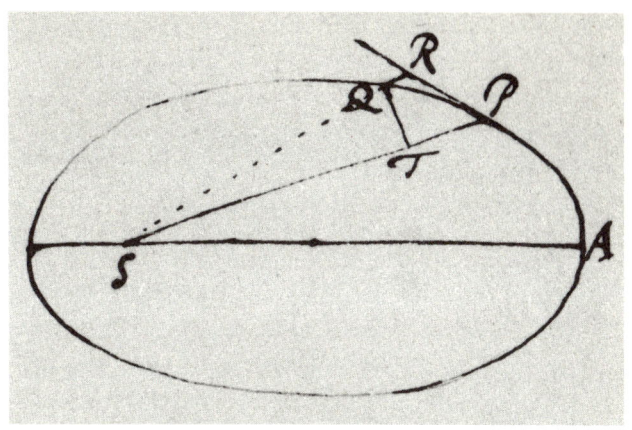

59. Eine Skizze der Planetenbewegung aus Newtons unveröffentlichtem Manuskript *De Motu corporum in Gyrum* (1684). *S* bezeichnet die Sonne.

Mit anderen Worten: Der elementarste Gedanke des Calculus – jener von der Einführung eines Grenzwertes – ist zugleich das Herzstück seiner Vorgehensweise, wenn auch kaum in der Form, in der wir es heute tun.

Und doch, wie so häufig bei Newton, geschah all dies im Privaten, beinahe im Geheimen, und niemand wusste wirklich davon, bis zu …

Halleys Besuch bei Newton

Dieses berühmte Ereignis fand vermutlich im August 1684 statt, als der Astronom Edmund Halley zu Besuch bei Newton in Cambridge war.

In den Kaffeehäusern Londons war die Möglichkeit einer zu $1/r^2$ proportionalen Anziehungskraft unter Mathematikern und Naturwissenschaftlern inzwischen ein großes Gesprächsthema, und Halley wollte wissen, wie Newton dazu stand.

Ein Zeitgenosse von Dr. Halley schreibt:

> »Nachdem sie einige Zeit zusammen verbracht hatten, fragte ihn der Doktor, wie seiner Ansicht nach die Kurve aussehen würde, welche die Planeten beschrieben, angenommen, die Anziehungskraft in Richtung Sonne wäre reziprok zum Quadrat ihres Abstands von der Sonne. Sir Isaac erwiderte sogleich, dass dies dann eine Ellipse wäre, und der Doktor, überwältigt von Freude und Staunen, fragte ihn, woher er das wisse. Wieso? erwiderte jener, ich habe es berechnet …«

Doch Newton konnte eben diese Berechnung unter all seinen Papieren so schnell nicht finden und versprach, sie Halley baldmöglichst zuzusenden.

Halley war angesichts dieser Aussicht natürlich hocherfreut. Doch während seine Kutsche zurück nach London klapperte, wird er wohl kaum geahnt haben, dass es sein Besuch war, der Newton letztendlich dazu bewegte, sein großes Meisterwerk der Dynamik zu schreiben – die *Principia*.

Ebenso wenig konnte er, denke ich, wissen, dass die Methoden, die Newtons Ideen zur Dynamik so viel weiter nach vorne bringen sollten (insbesondere der Calculus annähernd so, wie wir ihn heute kennen), kurz davor waren, zum ersten Mal das Licht der Welt zu erblicken – in einer Abhandlung von Leibniz.

13

Leibniz' Abhandlung von 1684

Aus heutiger Perspektive ist Leibniz' richtungsweisende Abhandlung von 1684 in der Tat recht seltsam.

Er springt einfach hinein in eine Reihe von allgemeinen Regeln für das, was wir Differentiation nennen, allerdings mit nur wenig erklärenden Worten dazu, was das alles bedeutet, und praktisch gar keiner Erklärung dazu, weshalb das Ganze funktioniert.

Die erste Regel betrifft die Differentiation einer Summe, die wir heute so schreiben würden:

$$\frac{d}{dx}(u+v) = \frac{du}{dx} + \frac{dv}{dx}$$

Eine nützliche, wenngleich kaum überraschende Regel, die wir in diesem Buch bereits mehrfach benutzt haben. Eine äquivalente Regel gibt Leibniz für die Differenz zweier Funktionen.

Doch dann folgt die Regel für das *Produkt* zweier Funktionen von x.

Diese ist weit weniger offensichtlich, zumal wir heute wissen, dass Leibniz selbst in seinen frühen Manuskripten hier einen Fehler gemacht hatte.

> MENSIS OCTOBRIS A. M DC LXXXIV. 467
> *NOVA METHODVS PRO MAXIMIS ET MI-*
> *nimis, itemque tangentibus, quæ nec fractas, nec irrati-*
> *onales quantitates moratur, & singulare pro*
> *illis calculi genus, per G.G.L.*
>
> S^{It} axis AX, & curvæ plures, ut VV, WW, YY, ZZ, quarum ordinatæ, ad axem normales, VX, WX, YX, ZX, quæ vocentur respective, v, vv, y, z; & ipsa AX abscissa ab axe, vocetur x. Tangentes sint VB, WC, YD, ZE axi occurrentes respective in punctis B, C, D, E. Jam recta aliqua pro arbitrio assumta vocetur dx, & recta quæ sit ad dx, ut v (vel vv, vel y, vel z) est ad VB (vel WC, vel YD, vel ZE) vocetur d v (vel d vv, vel dy vel dz) sive differentia ipsarum v (vel ipsarum vv, aut y, aut z) His positis calculi regulæ erunt tales:
>
> Sit a quantitas data constans, erit da æqualis o, & d ax erit æqua dx: si fit y æqu. v (seu ordinata quævis curvæ YY, æqualis cuivis ordinatæ respondenti curvæ VV) erit dy æqu. dv. Jam *Additio & Subtractio:* si sit z -y + vv + x æqu. v, erit dz -y + vv + x seu dv, æqu. dz -dy + dvv + dx. *Multiplicatio,* $\overline{dxv}$ æqu. x dv + v dx, seu posito y æqu. xv, fiet dy æqu. x dv + v dx. In arbitrio enim est vel formulam, ut xv, vel compendio pro ea literam, ut y, adhibere. Notandum & x & dx eodem modo in hoc calculo tractari, ut y & dy, vel aliam literam indeterminatam cum sua differentiali. Notandum etiam non dari semper regressum a differentiali Æquatione, nisi cum quadam cautione, de quo alibi. Porro *Divisio,* d $\frac{v}{y}$ vel (posito z æqu. $\frac{v}{y}$) d z æqu.
>
> + v dy + y dv

60. Leibniz' erstes Papier über den Calculus,
in *Acta Eruditorum*, 1684

Ein Produkt differenzieren

Die Regel ist in Abb. 61 zu sehen und wir können sie mit derselben Methode beweisen, die wir zuvor in Kapitel 5 verwendet haben.

Wir lassen x auf $x + \delta x$ ansteigen und definieren δu, δv als die sich daraus ergebenden Anstiege von u und v.

Der Anstieg von uv, also $\delta(uv)$, ist dann $(u + \delta u)(v + \delta v) - uv$ und das ergibt $u \times \delta v + v \times \delta u + \delta u \times \delta v$.

$$\frac{d}{dx}(uv) = u\frac{dv}{dx} + v\frac{du}{dx}$$

61. Ein Produkt differenzieren

Dividieren wir durch δx, erhalten wir

$$\frac{\delta(uv)}{\delta x} = u\frac{\delta v}{\delta x} + v\frac{\delta u}{\delta x} + \frac{\delta u}{\delta x} \times \delta v.$$

Zum Abschluss lassen wir $\delta x \to 0$, sodass auch $\delta u \to 0$ und $\delta v \to 0$. Das Ergebnis erhalten wir (gemäß der Definition der Ableitung in Kapitel 5), weil der letzte Term aufgrund des Faktors δv gegen 0 geht.

Sind u und v beide positiv, können wir das Ergebnis auch geometrisch betrachten, also u und v als Seitenlängen eines Rechtecks und uv als dessen Flächeninhalt ansehen (Abb. 62).

Im Klartext: Wenn δu und δv sehr klein sind, entfällt der kleine Anstieg fast ganz auf die Fläche der zwei schmalen (hier schattierten) Rechtecke, also $u \times \delta v + v \times \delta u$, weshalb die Regel zur Differentiation eines Produktes die genannte Form annimmt.

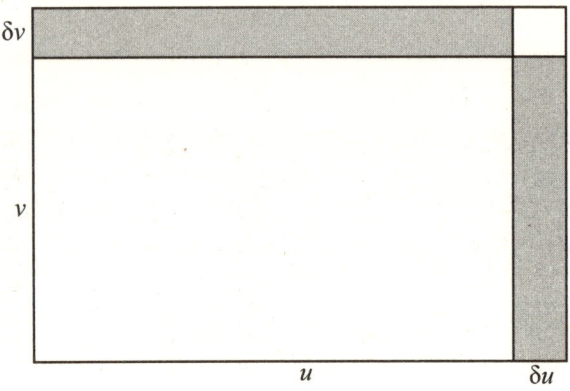

62. Ein Rechteck etwas vergrößern

Einen Quotienten differenzieren

Die Regel zur Differentiation des Quotienten u/v zweier Funktionen von x lässt sich in sehr ähnlicher Weise herleiten.

Wenn x auf $x + \delta x$ ansteigt, sodass u auf δu und v auf δv ansteigen, ist der sich daraus ergebende kleine Anstieg von u/v

$$\frac{u+\delta u}{v+\delta v} - \frac{u}{v} = -\frac{v \times \delta u - \times \delta v}{(v+\delta v)v}.$$

Dies ist dann $\delta(u/v)$, und wenn wir dies durch δx dividieren und $\delta x \to 0$ gehen lassen (sodass auch $\delta u \to 0$ und $\delta v \to 0$), erhalten wir das in Abb. 63 gezeigte Ergebnis.

Diese Regel ist die letzte der allgemeinen Regeln in Leibniz' Abhandlung von 1684, und wir werden sie in

Kapitel 17 verwenden, um mit ihrer Hilfe eines der größten mathematischen Ergebnisse aller Zeiten zu beweisen.

$$\frac{d}{dx}\left(\frac{u}{v}\right) = \frac{v\frac{du}{dx} - u\frac{dv}{dx}}{v^2}$$

63. Einen Quotienten differenzieren

x^n differenzieren

In Kapitel 5 haben wir behauptet, dass

$$\frac{d}{dx}(x^n) = nx^{n-1},$$

wobei n eine beliebige positive (und konstante) ganze Zahl ist, und können nun Leibniz' Produktregel anwenden, um zu sehen, weshalb das so ist.

Wenn wir mit unserem ersten größeren Ergebnis beginnen,

$$\frac{d}{dx}(x^2) = 2x,$$

können wir x^3 differenzieren, indem wir es als das Produkt $x^2 \times x$ betrachten. Entsprechend wenden wir nun die Produktregel an:

$$\frac{d}{dx}(x^3) = 2x \times x + x^2 \times 1$$
$$= 3x^2$$

Und eben dieses Ergebnis können wir verwenden, um in derselben Weise x^4 zu differenzieren, was $4x^3$ ergibt. Fahren wir in dieser Weise fort, wird schnell offensichtlich, weshalb das sich abzeichnende Muster zwangsläufig immer so weitergehen muss, wenn n zunimmt.

Doch das Ergebnis ist in der Tat noch viel allgemeiner. Leibniz betont in seiner Abhandlung von 1684, dass die Ableitung von x^n auch dann nx^{n-1} ist, wenn die Potenz n ein Bruch oder negativ ist.

Man beachte, dass zum Beispiel $x^{1/2}$ die positive Quadratwurzel der Zahl x bezeichnet, also

$$x^{1/2} = \sqrt{x} \qquad \textit{für} \quad x > 0,$$

denn nach dem für Exponenten geltenden Gesetz ist $x^{1/2} \times x^{1/2} = x^1$. Ebenso argumentieren wir für

$$x^{-1} = \frac{1}{x}, \quad x^0 = 1 \ \textit{für} \ x \neq 0.$$

Nach Leibniz können wir diese Potenzen von x mittels derselben allgemeinen Regel differenzieren.

Im Fall $n = -1$ zum Beispiel liefert sie als Ableitung von $1/x$ das Ergebnis $-1/x^2$. Dass dies korrekt ist, wissen wir bereits aus Kapitel 5.

Leibniz und das ›unendlich Kleine‹

Wie schon gesagt finden sich in Leibniz' Abhandlung keinerlei Herleitungen für diese Ergebnisse.

Und wie der Auszug in Abb. 60 zeigt, sind die Ergebnisse anders geschrieben. Leibniz schreibt die Produktregel zum Beispiel als

$$d(uv) = v \times du + u \times dv.$$

Seltsamerweise wird nirgendwo deutlich erklärt, was Größen wie du und dv eigentlich bedeuten. In einem früheren, unveröffentlichten Manuskript von etwa 1680 schreibt Leibniz jedoch:

$$d(xy) = (x+dx)(y+dy) - xy$$
$$= x \times dy + y \times dx + dx \times dy$$

Und sagt:

»Das ist dasselbe wie $x \times dy + y \times dx$, wenn man die Größe $dx \times dy$ weglässt, welche im Vergleich zu den verbleibenden Größen unendlich klein ist, weil dx und dy als unendlich klein angenommen werden.«

Leibniz' Sicht scheint sich von unserer Herangehensweise in diesem Buch also deutlich zu unterscheiden, weil wir nicht vom ›unendlich Kleinen‹, sondern von der Idee des Grenzwerts ausgehen.

Ein Problem der kürzesten Zeit

Gegen Ende der Abhandlung von 1684 wendet Leibniz seine neuen Techniken auf ein Problem an, das von ernsthafter Bedeutung ist.

Er selbst formuliert es etwas anders, doch das Problem lässt sich umwandeln und sieht dann aus wie in Abb. 64 und unsere Frage lautet: Wie gelangen wir in der kürzest möglichen Zeit von Punkt *A* am Strand zu Punkt *B* im Meer?

Der kürzeste *Weg* von *A* nach *B* ist offensichtlich eine gerade Linie. Doch wenn wir viel schneller rennen, als wir schwimmen, ist es vielleicht keine schlechte Idee, einen Weg wie den in der Abbildung zu wählen, der eine größere Distanz auf Sand und eine kürzere im Wasser zurücklegt.

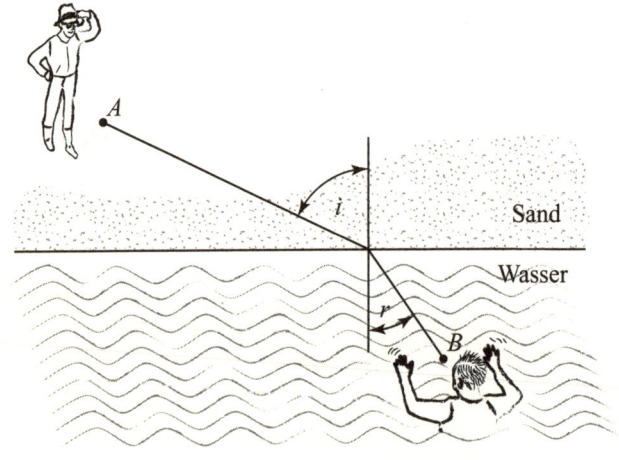

64. Ein Problem der kürzesten Zeit

Die Antwort liefert schließlich der Calculus: Es zeigt sich, dass wir die Zeit minimieren, wenn wir die Winkel *i* und *r* so wählen, dass

$$\frac{\sin i}{\sin r} = \frac{c_{Sand}}{c_{Wasser}}.$$

Dabei ist c_{Sand} die Geschwindigkeit, mit der wir rennen, und c_{Wasser} die Geschwindigkeit, mit der wir schwimmen.

In Wahrheit jedoch geht es in Leibniz' Problem nicht ums Rennen oder Schwimmen, es geht um das Licht, das Leibniz auf diese Weise in seiner Abhandlung einführt.

Wenn Licht gebrochen wird, wechselt es von einem Medium ins andere, und der Einfallswinkel i (Inzidenz) und der Brechungswinkel r (Refraktion) erfüllen dieselbe Gleichung, wobei c_{Sand} und c_{Wasser} lediglich durch die Geschwindigkeiten des Lichts in den zwei Medien ersetzt werden.

Der Calculus zeigt also: Wenn Licht an der ebenen Grenzfläche zweier Medien gebrochen wird, bewegt es sich von einem gegebenen Punkt zu einem anderen in der kürzest möglichen Zeit.

Manche Leute stellen dann immer die Frage: Woher *weiß* das Licht, wie es den Weg der kürzesten Zeit wählen muss?

Mir gefällt die verspielte (quantenmechanische) Antwort des Physikers Richard Feynman: ›Es hat keine Ahnung. Es probiert alle aus.‹

14

›Ein Rätsel‹

Das Aufkommendes Calculus hat die Mathematik vollkommen verwandelt. Doch nur sehr wenige Mathematiker konnten damals verstehen, was Leibniz und Newton vollbracht hatten.

Selbst der große Schweizer Mathematiker John Bernoulli schrieb, Leibniz' Abhandlung von 1684 sei »eher ein Rätsel denn eine Erklärung«.

Doch Bernoulli gab nicht auf, und hielt schließlich selbst Vorträge zu diesem Thema, unter anderem dem Marquis de l'Hôpital, der dann 1696 das erste Lehrbuch zum differentiellen Calculus veröffentlichte.

L'Hôpitals *Analyse des infiniment petits pour l'intelligence des lignes courbes* war ungeheuer einflussreich und folgte in weiten Teilen der Notation und dem Geist von Leibniz' Herangehensweise zum Calculus.

Eines der ersten Lehrbücher zum Calculus in englischer Sprache verfasste Charles Hayes unter dem Titel *A Treatise of Fluxions*, erschienen 1704 (Abb. 65).

Der Titel nimmt Bezug auf die Art und Weise, wie Newton über eine Kurve oft in Begriffen der Bewegung entlang dieser Kurve nachdachte, sodass x und y beide von einer zeitähnlichen Variable t abhängen. Newton nutzte den Begriff ›fluxion‹ (etwa: Fließen) für die Rate, mit der eine Variable von t abhängt, und zeigte dies durch einen Punkt an, d. h. die Fluxion von x war ẋ.

Diese spezielle Schreibweise für *dx/dt* ist noch heute in Gebrauch.

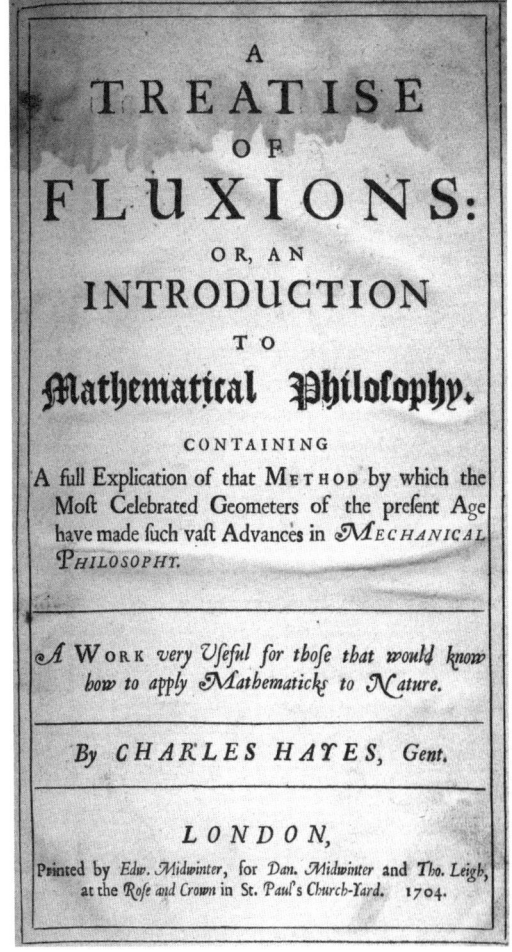

65. Ein frühes Lehrbuch über den Calculus von 1704. Dieser spezielle Band gehörte dem Oxforder Studenten Thomas Foy, der 1709 eine Widmung einschrieb.

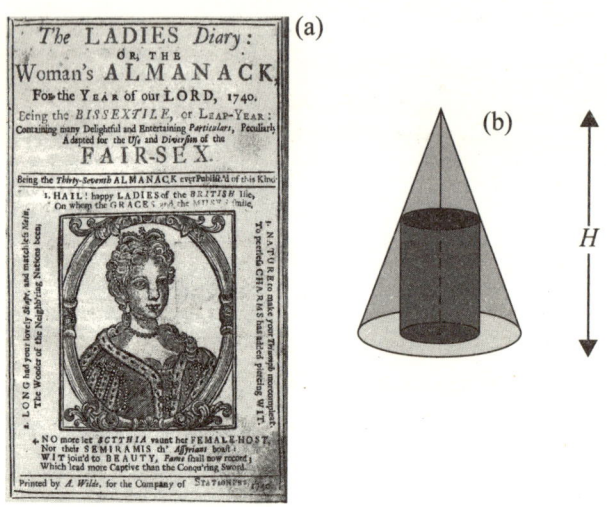

66. (a) *The Ladies Diary*.   (b) Mrs Sidways Problem

Durch frühe Lehrbücher wie diese fand der Calculus zunehmend Verbreitung. Und es dauerte nicht lange, da erreichte er auch unvermutete Orte, einschließlich der Seiten des Almanachs *The Ladies Diary*, einer damals weit verbreiteten Zeitschrift, die unter ihre ›Delightful and Entertaining Particulars‹ (Abb. 66; etwa ›vergnügliche und unterhaltsame Leckerbissen‹) auch etliche mathematische Rätsel streute.

In der Ausgabe von 1714 stellt Barbara Sidway ein Problem vor, bei dem es um einen kreisrunden Zylinder geht, der sich innerhalb eines Kegels der gegebenen Höhe H befindet.

Wenn auch dürftig getarnt als Frage des Gärtnerns (in Versen), ist Frau Sidways Problem im Kern das folgende: Welche Höhe muss der Zylinder haben, um das größtmögliche Volumen zu fassen?

Der Zeitschrift gingen letztlich vier korrekte Antworten ihrer Leserinnen zu, und auch wenn wir nicht wissen, welche Methoden sie nutzten, liefert der Calculus die richtige Antwort: ⅓ H.

Notation, Notation ...

Wie wir gesehen haben, ist die Leibniz'sche Notation für den Calculus bis heute weitverbreitet. Ein Grund für ihren Erfolg ist dieser: Obwohl wir dy/dx nicht als Verhältnis zweier Größen dy und dx betrachten, verhält es sich oft so, *als ob es das wäre.*

Differentiation
Angenommen, y sei eine Funktion von x und x die Funktion einer weiteren Variablen – sagen wir t. Dann können wir, wenn wir möchten, y als eine Funktion von t auffassen, sodass

$$\frac{dy}{dt} = \frac{dy}{dx} \times \frac{dx}{dt}.$$

Dies ist ein wichtiges Ergebnis in diesem Bereich der Mathematik und nennt sich *Kettenregel*.

Eine schnelle Methode, $y = (t^2 + 1)^3$ nach t zu differenzieren, wäre zum Beispiel, $x = t^2 + 1$ zu setzen, sodass $y = x^3$. Dann gilt $dy/dx = 3x^2$ und $dx/dt = 2t$, und die Kettenregel ergibt $dy/dt = 6t (t^2 + 1)^2$.

Eine zentrale Folgerung aus der Kettenregel ist

$$\frac{dy}{dx} \times \frac{dx}{dy} = 1,$$

was wir in Kürze in einem recht bemerkenswerten Zusammenhang nutzen werden.

Ein weiteres Element der Leibniz'schen Notation, das sich bewährt hat, benutzen wir, wenn wir eine Funktion von *x zweimal* differenzieren möchten:

$$\frac{d^2 y}{dx^2} \text{ bedeutet } \frac{d}{dx}\left(\frac{dy}{dx}\right)$$

Auch davon werden wir an späterer Stelle noch Gebrauch machen.

Integration
Wie schon gesehen ist die Integration oft sehr viel schwieriger die Differentiation, doch auch hier hilft eine gute Notation.

Und es war wiederum Leibniz, der das berühmte Integralzeichen ∫ einführte.

Wenn also
$$\frac{dA}{dx} = y,$$

können wir dies gleichbedeutend schreiben als

$$A = \int y\,dx,$$

und nennen es ›das Integral von *y* nach *x*‹ (Abb. 67).

Das Symbol ∫ ist dabei eigentlich nur ein verlängertes ›s‹ für ›Summe‹, denn *A* steht für die Fläche unter der Kurve *y* gegen *x*, was in der Tat die Summe (bzw. der Grenzwert der Summe) aus vielen schmalen rechteckigen Flächen ist, jede von der Größe $y\delta x$.

> **Sed ex iis quæ in** methodo tangentium expofui, patet effe d, ½ xx=xdx; ergo contra ʃ xx=ʃxdx (ut enim poteftates & radices in vulgaribus calculis, fic no- bis fummæ & differentiæ feu ʃ & d, reciprocæ funt.)

67. Das erste gedruckte Integralzeichen ʃ erscheint in einer Abhandlung von Leibniz aus dem Jahr 1686.

So gilt zum Beispiel

$$\int x\,dx = \frac{1}{2}x^2 + \text{Konstante},$$

und allgemeiner

$$\int x^n\,dx = \frac{x^{n+1}}{n+1} + \text{Konstante für } n \neq -1$$

Schließlich hilft Leibniz' Notation bei einer besonders wirkungsvollen Integrations-Technik.

Und zwar bei der Integration durch *Wechsel der Variablen*, bei der man x und somit auch y in Form einer neuen Variablen t schreibt. Die Idee ist, eine schwierige Integration nach x in eine einfachere nach t umzuwandeln:

$$\int y\,dx = \int y\frac{dx}{dt}\,dt,$$

Und wieder lässt Leibniz' Notation das ganze Verfahren fast ›natürlich‹ erscheinen – und ist sicherlich einfacher zu merken.

Der Wert, den Leibniz auf eine gute mathematische Notation legte, steht ganz im Einklang mit seinen allgemeineren philosophischen Ideen und er wies durchaus mit Nachdruck darauf hin. An einen Freund schrieb er:

> »An den Symbolen beobachtet man einen Fortschritt im Entdecken, der am größten ausfällt, wenn sie die Natur einer Sache in kurzer Form ausdrücken und gewissermaßen abbilden.«

15
Wer hat den Calculus erfunden?

Die *Philosophical Transactions* der Londoner Royal Society enthalten in ihrer Ausgabe von 1708 ein weitgehend vergessenes Papier des Oxforder Mathematikers John Keill.

Vergessen bis auf den folgenden kurzen Passus, in dem sich Keill auf den Calculus bezieht, »welchen Herr Newton ganz ohne Zweifel zuerst entdeckte … obzwar dieselbe Arithmetik mit Änderungen in der Bezeichnung und der Notations-Methode später von Herrn Leibniz in den *Acta Eruditorum* veröffentlicht wurde.«

Als Leibniz diese Zeilen 1711 zu Gesicht bekam, verstand er sie als Plagiatsvorwurf. Sofort legte er offizielle Beschwerde bei der Royal Society ein und verlangte eine Entschuldigung von Keill.

Ein Komitee wurde eingerichtet, um die Angelegenheit zu prüfen, doch das Komitee stützte Leibniz' Beschwerde nicht.

Rückblickend scheint dies jedoch kaum überraschend, denn Newton war mittlerweile Präsident der Royal Society. In dieser Eigenschaft besetzte er nicht nur das Komitee mit eigenen Anhängern, sondern er schrieb auch den Abschlussbericht zum großen Teil gleich selbst.

Newton vs. Leibniz

In Wahrheit hatte es in der Frage, wer den Calculus für sich reklamieren durfte, schon jahrelang gebrodelt.

Heute wissen wir, dass Newton über viele der wichtigen Ergebnisse schon 1665/1666 verfügte, lange bevor Leibniz sich der Mathematik überhaupt zugewendet hatte.

Die Universität Cambridge war dann wegen der Pest immer wieder geschlossen und Newton zog sich auf seinen Familiensitz nach Lincolnshire zurück. Für ihn zumindest war das eine außerordentlich kreative Zeit.

Ein beeindruckendes Beispiel ist die Verbindung zwischen Differentiation und Fläche unter einer Kurve, die wir heute in Leibniz'scher Notation so schreiben würden:

$$\frac{dA}{dx} = y,$$

denn dieses Ergebnis erscheint (in anderer Form) bereits in einem Manuskript vom Oktober 1666, als Newton 23 Jahre alt war.

Eine kurze Beschreibung dieser frühen Ergebnisse liefert er in *De Analysi* aus dem Jahr 1669 (Abb. 68) und zwei Jahre später, 1671, in seinem weit umfangreicheren Werk *Methodus Fluxionum et Serierum Infinitarum*. Außerdem erlaubte Newton einer kleinen, ausgewählten Gruppe zeitgenössischer Mathematiker, diese Manuskripte einzusehen.

Noch etwas später, nämlich 1674–1676, machte Leibniz, der damals in Paris arbeitete, viele seiner Entdeckungen zum Calculus.

DE ANALYSI
Per Æquationes Numero Terminorum
INFINITAS.

Methodum generalem, quam de Curvarum quantitate per Infinitam terminorum Seriem menfuranda, olim excogitaveram, in fequentibus breviter explicatam potius quam accuratè demonftratam habes.

ASI *AB* Curvæ alicujus *AD*, fit Applicata *BD* perpendicularis : Et vocetur $AB = x$, $BD = y$, & fint a, b, c, &c. Quantitates datæ, & m, n, Numeri Integri. Deinde,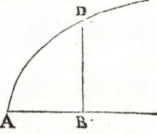

Curvarum Simplicium Quadratura.

REGULA I.

Si $ax^{\frac{m}{n}} = y$; *Erit* $\frac{an}{m+n}x^{\frac{m+n}{n}} = $ *Areæ ABD.*

Res Exemplo patebit.

1. Si $x^2 (= 1x^{\frac{2}{1}}) = y$, hoc eft, $a = 1 = n$, & $m = 2$; Erit $\frac{1}{3}x^3 = $ ABD.

2. Si

68. Die erste Seite von Newtons *De Analysi* in der Erstausgabe von 1711

Gegen Ende dieser Periode, im Oktober 1676, besuchte Leibniz London in diplomatischer Mission, was den Beginn des Prioritätenstreits zwischen Newton und Leibniz markiert. Zwar hat er Newton selbst nie getroffen, aber man zeigte ihm während dieses Besuchs einige frühe Arbeiten Newtons in Manuskriptform, darunter auch *De Analysi*.

Während Leibniz also zweifellos der Erste war, der dazu 1684 publizierte, begannen seine Kritiker zu fragen, was er während seines Besuchs in London und aus der gelegentlichen (zumal recht misstrauischen) Korrespondenz mit Newton selbst in Erfahrung gebracht haben mochte.

›Das argwöhnischste Gemüt‹

Darüber zu spekulieren, dass es den Prioritätenstreit nie gegeben hätte, wenn Newton seine Arbeiten zum Thema Calculus früher schon vollständig veröffentlicht hätte, ist müßig.

Aber *warum* hat er es nicht getan?

Einige Gelehrte führen die katastrophale Lage des Buchgewerbes nach dem Großen Brand von London 1666 an. Die meisten aber sehen den Grund in Newtons Charakter, der außergewöhnlich introvertiert und verschlossen gewesen sein muss. Ein Zeitgenosse beschreibt ihn als »das furchtsamste, vorsichtigste und argwöhnischste Gemüt, das mir je begegnet ist«.

Und Newton selbst gestand, eine fast pathologische Furcht vor Kontroversen zu haben, insbesondere in gedruckter Form.

Der Streit jedenfalls mutet auch in anderer Hinsicht recht absurd an.

Schließlich tauchte der Calculus nicht einfach aus dem Nichts auf. Wie wir bereits gesehen haben, schuldet er vieles der vorangegangenen Arbeit von Archimedes, Descartes, Fermat und Wallis, ganz zu schweigen von Isaac Barrow, dem Newton am Lucasischen Lehrstuhl für Mathematik in Cambridge nachfolgte.

Und doch waren es Newton und Leibniz, die ein ganzes Bündel unzusammenhängender Ideen aufgriffen und den Calculus zu einem kohärenten Gegenstand machten, in dessen Zentrum die Differentiation, die Integration und der Hauptsatz des Calculus stehen.

Heute sind sich die meisten Mathematik-Historiker einig darin, dass beide das unabhängig voneinander und in recht unterschiedlicher Weise taten.

›Sie haben das Thema völlig verändert ...‹

Der auffälligste Unterschied zwischen den beiden Ansätzen liegt vielleicht darin, welche Rolle die unendlichen Reihen gespielt haben.

Immer wieder nutzte Newton unendliche Reihen als Hilfsmittel zum Integrieren, ähnlich wie in Kapitel 10.

Und die folgende – die binomische Reihe – schien er fast als eine Art Geheimwaffe zu betrachten:

$$(1+x)^n = 1 + nx + \frac{n(n-1)}{1\times 2}x^2 + \frac{n(n-1)(n-2)}{1\times 2\times 3}x^3 + \cdots$$
$$\textit{für } -1 < x < 1$$

Dies war bekannt für alle n als positive ganze Zahl, wobei die Gleichung in dem Fall für alle x funktioniert und nach $n + 1$ Termen aufhört, weil alle weiteren Koeffizienten 0 sind.

Newton jedoch erkannte in einer seiner frühesten und höchstgeschätzten mathematischen Entdeckungen, dass diese Reihe *als unendliche Reihe* Bestand hat, wenn n ein Bruch oder sogar negativ ist.

Wenn wir also $n = -1$ setzen, erhalten wir eine Darstellung der Funktion $1/(1 + x)$ als unendliche Reihe, und zwar genau diejenige, die wir aus Kapitel 10 kennen. Und setzen wir zum Beispiel $n = \frac{1}{2}$, erhalten wir eine unendliche Reihe für $\sqrt{1+x}$.

Newton verwendete diese Ideen so vielfältig, dass es mitunter fast schwierig wird, ihn dabei anzutreffen, wie er den Calculus ohne sie betreibt.

Gituly $\frac{1}{1} - \frac{1}{3} + \frac{1}{5} - \frac{1}{7}$ &c.

69. Die berühmte unendliche Reihe mit den ungeraden Zahlen in Leibniz' Handschrift aus einem Brief von 1676

Für Leibniz hingegen scheinen unendliche Reihen von weit geringerer Bedeutung für das Thema als Ganzes gewesen zu sein, was sich teils auch in einer Erwiderung auf den Bericht der Royal Society im Prioritätsstreit zeigt:

»Sie haben das Thema der Kontroverse völlig verändert, denn in ihrer Veröffentlichung ... findet man kaum etwas zum differentialen Calculus; stattdessen geht es auf jeder zweiten Seite um das, was sie unendliche Reihen nennen ...«

Es ist fast schon ein wenig ironisch, dass eines der verblüffendsten Ergebnisse im Zusammenhang mit unendlichen Reihen, nämlich

$$1 - \frac{1}{3} + \frac{1}{5} - \frac{1}{7} + \ldots = \frac{\pi}{4},$$

für gewöhnlich Leibniz zugesprochen wird.

Und fast sind wir so weit zu erkennen, wie diese außerordentliche Verbindung zwischen Kreisen und ungeraden Zahlen zustande kommt.

Fast.

Aber noch nicht ganz ...

16

Immer im Kreis herum

Manche Funktionen in der Mathematik *oszillieren*.

Die bekanntesten Beispiele sind sinΘ und cosΘ, und sie besitzen die erstaunliche Eigenschaft, beinahe – wenn auch nicht ganz – Ableitungen voneinander zu sein (Abb. 70).

Überraschend vielleicht, denn den meisten von uns begegnen sinΘ und cosΘ zuerst in der Trigonometrie, wo Θ ein *Winkel* in einem rechtwinkligen Dreieck ist (Abb. 71).

Und doch sind all diese Ideen, wie wir gleich sehen werden, miteinander verbunden.

Winkel

Zunächst müssen wir sämtliche auftretenden Winkel im Bogenmaß (Radiants) messen, nicht in Grad. Dies ist wie folgt definiert:

Zeichnen Sie einen Kreis, und dann bewegen sie sich so weit um den Kreis, wie es der Länge des Radius *r* entspricht.

$$\sin\theta$$

$$\cos\theta$$

$$\frac{d}{d\theta}(\sin\theta) = \cos\theta$$

$$\frac{d}{d\theta}(\cos\theta) = -\sin\theta$$

70. Die Funktionen sinΘ und cosΘ

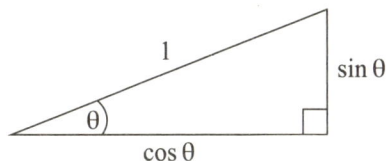

71. Ein rechtwinkliges Dreieck

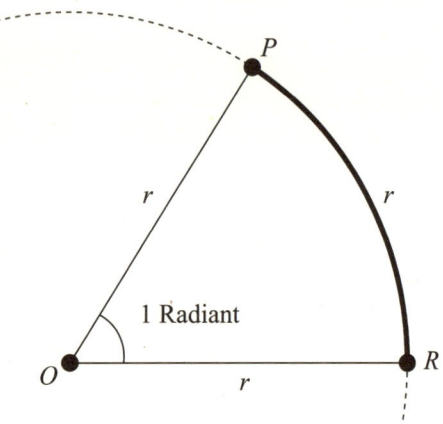

72. Definition »Bogenmaß«

Dies ergibt per Definition einen Winkel von 1, was ungefähr 57,3 Grad entspricht (Abb. 72).
Umgekehrt sind

$$\frac{\pi}{2} \text{Radiant} = 90 \text{ Grad,}$$

denn beide laufen ein Viertel um den Kreisumfang herum, also über die Distanz ½πr.

Schwingungen

Nun zeichnen wir einen Kreis mit einem Radius von 1 Einheit und stellen uns einen Punkt P vor, der bei R in Abb. 73 beginnt und dann *wieder und wieder* dem Kreisumfang folgt, sodass Θ, der Winkel, den P durchläuft, immer größer wird.

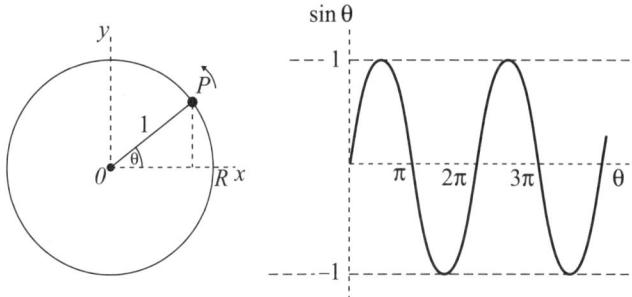

73. sinΘ als eine Schwingung

Indem wir uns an der elementaren Geometrie eines rechtwinkligen Dreiecks orientieren, *definieren* wir nun cosΘ und sinΘ für jede beliebige Zahl Θ als die jeweiligen *x*- und *y*-Koordinaten des Punktes *P*.

Wenn *P* also bei *R* beginnt, mit Θ = 0, beginnt die *y*-Koordinate bzw. sinΘ bei 0 und steigt dann nach einer Viertelumdrehung gegen den Uhrzeigersinn bis auf 1 bei Θ = π/2. In den folgenden Viertelumdrehungen geht sie zurück auf 0, dann hinunter auf −1 und zuletzt wieder zurück auf 0, wenn Θ = 2π. Dann beginnt alles wieder von vorn, wenn *P* von 2π bis 4π eine zweite Kreisbahn vollführt.

Und cosΘ, die *x*-Koordinate von *P*, variiert mit Θ in genau derselben Weise, jedoch um den Betrag π/2 versetzt, wie die Graphen in Abb. 70 zeigen.

Damit ist gezeigt, wie – und warum – die Funktionen sinΘ und cosΘ kontinuierlich *oszillieren*, während die Variable Θ stetig steigt.

Und es kann kaum überraschen, dass die interessanteste Frage aus Sicht des Calculus lautet, mit welcher Rate sie das tun.

Änderungsraten

Nehmen wir nun an, der Punkt P bewege sich um den Kreis so, dass $\Theta = t$, wobei t die Zeit bezeichnet (Abb. 74).

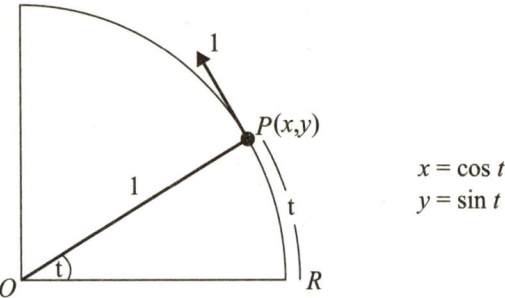

$x = \cos t$
$y = \sin t$

74. Änderungsraten ermitteln

Dann sind $\dfrac{d}{dt}(\cos t)$ und $\dfrac{d}{dt}(\sin t)$ einfach dx/dt und dy/dt und es gibt eine sehr einfache Möglichkeit, das herzuleiten.

Ein Vorzug der Verwendung des Bogenmaßes – zusammen mit einem Einheitsradius – ist der, dass die zurückgelegte Distanz PR nicht einfach nur proportional zum Winkel POR ist. Sie ist tatsächlich *gleich* und daher t.

P bewegt sich also um die Distanz t in der Zeit t und läuft deshalb in Einheitsgeschwindigkeit *(speed)* um den Kreis herum. Seine Vektorgeschwindigkeit *(velocity)* entlang der jeweiligen Tangente beträgt daher in jedem Moment 1.

Da die Tangente senkrecht zum Radius OP steht, bildet diese Bewegung einen Winkel t mit der y-Achse (Abb. 75).

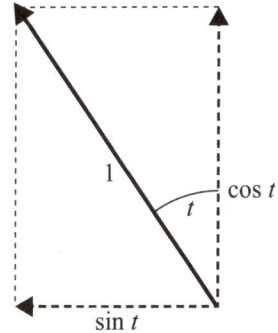

75. Die Komponenten der vektoriellen Geschwindigkeit *(velocity)*

Sich mit dem Geschwindigkeitsbetrag *(speed)* 1 in die gezeigte Richtung zu bewegen, ist gleichbedeutend mit einer Bewegung in negative *x*-Richtung mit Geschwindigkeitsbetrag sin*t*, während die Bewegung in der *y*-Richtung mit dem Betrag cos*t* erfolgt. Also ist $dx/dt = -\sin t$ und $dy/dt = \cos t$.

Und deshalb ist

$$\frac{d}{dt}(\sin t) = \cos t$$

$$\frac{d}{dt}(\cos t) = -\sin t,$$

wie wir zu Beginn des Kapitels behauptet haben.

Wie wir sehen werden, sind diese Erkenntnisse von entscheidender Bedeutung für fast jedes physikalische Problem, das mit Schwingungen zu tun hat.

Noch überraschender aber mag sein, dass sie uns den Schlüssel zum Verständnis der Leibniz'schen Reihen liefern.

17

Pi und die ungeraden Zahlen

> »Du wirst kaum leugnen, dass Du eine sehr bemerkenswerte Eigenschaft des Kreises entdeckt hast, die für immer unter Geometern berühmt sein wird.«
> *Christaan Huygens in einem Brief
> an Leibniz vom 7. November 1674*

Jetzt sind wir (endlich!) in der Lage, eines der außergewöhnlichsten Ergebnisse der gesamten Mathematik zu erhellen, nämlich die Verbindung der Kreiszahl π mit den ungeraden Zahlen.

$$\frac{\pi}{4} = 1 - \frac{1}{3} + \frac{1}{5} - \frac{1}{7} + \cdots$$

76. Die Leibniz-Reihe

Die Geschichte dieses Ergebnisses ist etwas kurios. Denn Leibniz veröffentlichte es zuerst 1682 in den *Acta Eruditorum* ohne jegliche Herleitung und ohne Beweis, hatte es eigentlich aber schon viel früher entdeckt, nämlich 1674, als er in Paris arbeitete.

Wahrscheinlich jedoch ist, dass der schottische Mathematiker James Gregory das Ergebnis noch einige Jahre früher kannte.

Andererseits gilt als so gut wie sicher, dass es Mathematikern in Kerala in Indien noch viel früher bekannt war, womöglich drei Jahrhunderte vor Leibniz oder Gregory, denn es wird heute fast durchweg Madhava zugeschrieben, der die Schule von Kerala gegründet hatte. Deren Methoden waren jedoch ganz andere und hatten eher mit höherer Geometrie zu tun.

So oder so, wenn wir den Calculus verwenden wollen, um nun endlich zu verstehen, wie π und die ungeraden Zahlen zusammenhängen, brauchen wir fast alle maßgeblichen Erkenntnisse, denen wir bisher begegnet sind.

Ich halte es daher für hilfreich, die Argumentation in mehrere Schritte zu unterteilen.

Auf der Suche nach π/4 ...

Stellen wir uns zwei Zahlen x und Θ vor, die in folgender Weise in Verbindung stehen:

$$x = \frac{\sin\theta}{\cos\theta},$$

und zwar für Werte von Θ zwischen 0 und π/4 (Abb. 77).

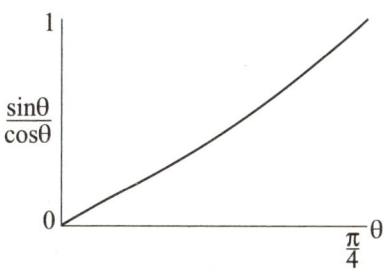

77. Die Funktion Θ/cosΘ

Zu beachten ist zunächst, dass

$$x = 0, \text{ wenn } \Theta = 0$$

und dass, während wir Θ vergrößern, der Wert von $x = \sin\Theta/\cos\Theta$ allmählich ansteigt bis auf

$$x = 1, \text{ wenn } \theta = \frac{\pi}{4}.$$

Grund dafür ist, dass ein Winkel von $\pi/4$ einem Winkel von 45 Grad entspricht und dass das rechtwinklige Dreieck, dass in Θ und $\cos\Theta$ definiert, dann gleichschenklig wird, sodass die beiden kürzeren Seiten gleich sind (Abb. 78).

Auf diese Weise findet $\pi/4$ Eingang in unsere Argumentation. Es ist der spezielle Wert von Θ, bei dem $x = \sin\Theta/\cos\Theta$ gleich 1 ist.

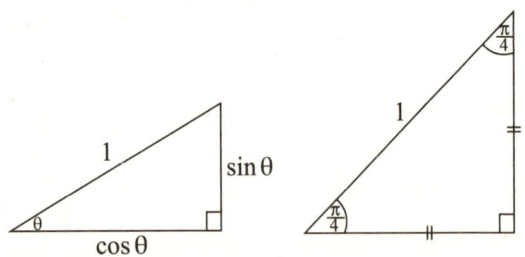

78. Darum ist $x = 1$, wenn $\Theta = \pi/4$

Auf der Suche nach einer unendlichen Reihe

An dieser Stelle kommt der Calculus so richtig zum Zuge und wir können die Entwicklung in sechs kleinere Schritte unterteilen.

Schritt 1. Wir differenzieren

$$x = \frac{\sin\theta}{\cos\theta},$$

wobei wir Abb. 70 und Leibniz' Regel für die Differentiation eines Verhältnisses (Abb. 63) verwenden, und erhalten so

$$\frac{dx}{d\theta} = \frac{\cos\theta \times \cos\theta - \sin\theta \times (-\sin\theta)}{(\cos\theta)^2}.$$

Schritt 2. Wir nutzen $x = \sin\Theta/\cos\Theta$, um die rechte Seite der Gleichung durch Terme von x auszudrücken:

$$\frac{dx}{d\theta} = 1 + x^2$$

Schritt 3. Wir nutzen Leibniz' Kettenregel (Kapitel 14), um dies umzuschreiben als

$$\frac{d\theta}{dx} = \frac{1}{1+x^2},$$

sodass wir Θ nun als eine *Funktion von x* betrachten statt umgekehrt.

Schritt 4. Wir schreiben die rechte Seite *als unendliche Reihe* um, indem wir in der unendlichen Reihe aus Kapitel 10 x durch x^2 ersetzen.

$$\frac{d\theta}{dx} = 1 - x^2 + x^4 - x^6 + \ldots$$

Dieser Schritt ist gültig, wenn $x^2 < 1$.

Schritt 5. Wir nutzen erneut den Calculus, diesmal um nach x zu integrieren, und zwar ähnlich wie in Kapitel 10.
Dies ergibt

$$\theta = x - \frac{x^3}{3} + \frac{x^5}{5} - \frac{x^7}{7} + \ldots,$$

wobei die Konstante der Integration 0 ist, da $x = 0$ wenn $\Theta = 0$.

Schritt 6. Zum Schluss erinnern wir uns, dass $x = 1$ wenn $\Theta = \pi/4$, wie zu Beginn festgestellt.

Wenn wir diese Werte einsetzen, erhalten wir Leibniz' berühmtes Ergebnis (Abb. 79), das π mit den ungeraden Zahlen in Verbindung setzt:

$$\frac{\pi}{4} = 1 - \frac{1}{3} + \frac{1}{5} - \frac{1}{7} + \ldots$$

Bevor wie das Kapitel schließen, muss ich noch ein paar Dinge anmerken.

Erstens: Der letzte Schritt ist ein wenig gewagt. Schritt 4 galt für x^2 kleiner als 1 und doch haben wir in

Schritt 6 *x gleich* 1 gesetzt. Dies lässt sich rechtfertigen, doch nur durch eine rigorosere und technisch anspruchsvollere Herleitung.

 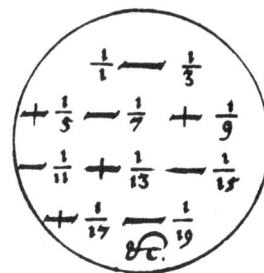

79. Illustrationen aus Leibniz' Abhandlung von 1682

Zweitens: Die gesamte Herangehensweise entspricht nicht exakt dem, was Leibniz gemacht hat – sein Verfahren war eher geometrisch, wie er in einem (über Umwege versandten) Brief vom August 1676 an Newton selbst erklärt.

Und drittens schoss Newton (eher zufällig) unmittelbar mit einer eigenen, ähnlich aussehenden unendlichen Reihe zurück, nämlich

$$\frac{\pi}{2\sqrt{2}} = 1 + \frac{1}{3} - \frac{1}{5} - \frac{1}{7} + \frac{1}{9} + \frac{1}{11} - ...,$$

obwohl er sich alle Mühe gab, darauf hinzuweisen, dass »y^e Zeichen aus y^e Reihen ... richtig gesetzt ... eine andere Reihe als y^t von Herrn Leibniz ist.«

Zuletzt müssen wir der Tatsache ins Auge sehen (wie von Newton leicht sarkastisch hervorgehoben), dass die unendliche Leibniz-Reihe als praktisches Instrument zur Berechnung von π nicht wirklich taugt, da sie so langsam konvergiert.

Selbst nach beispielsweise 300 Termen gelingt es nur mit geringerer Genauigkeit die Zahl π zu berechnen, als die bekannte Näherung 22/7, zu der Archimedes schon 2000 Jahre früher gelangt war!

Doch obwohl zahlreiche andere unendliche Reihen existieren, die schneller gegen eine Zahl konvergieren, bei der π eine Rolle spielt, reicht nach meinem Dafürhalten keine andere an die atemberaubende Eleganz und Einfachheit der unendlichen Leibniz-Reihe heran.

18

Angriff auf den Calculus

Leibniz starb 1716.

Es war ein seltsames Ende für einen der größten Mathematiker und Philosophen, den die Welt je gekannt hatte, denn niemand kam zu seinem Begräbnis, außer einigen Freunden und seinem Sekretär.

Und gut zehn Jahre später war auch Newton verschieden.

Nun also lag es an anderen, den Calculus voranzubringen, insbesondere die ernste Frage nach den logischen Grundlagen der ganzen Thematik.

Ein Aufsatz von 1734 mit dem Titel *The Analyst, or a Discourse Adressed to an Infidel Mathematician* (dt. *Der Analytiker, oder eine Abhandlung gerichtet an einen Ungläubigen Mathematiker*) gab diesen besonders scharfe Konturen (Abb. 80).

Der Autor war George Berkeley, designierter Bischof von Cloyne in Irland, und besagter ›ungläubige Mathematiker‹ war mit ziemlicher Sicherheit Edmund Halley, ein bekannter Agnostiker.

Im Kern beschwor Berkeley alle Mathematiker, für die die Religion auf wackeligen Füßen stand, zunächst vor ihrer eigenen Tür zu kehren.

Er stellte sogar infrage, ob einige der Begriffe, die im Calculus Verwendung fanden, wirklich existierten. Im bekanntesten und häufig zitierten Teil des *Analytikers*

THE
ANALYST;
OR, A
DISCOURSE
Addreſſed to an

Infidel MATHEMATICIAN.

WHEREIN

It is examined whether the Object, Principles, and Inferences of the modern Analyſis are more diſtinctly conceived, or more evidently deduced, than Religious Myſteries and Points of Faith.

By the AUTHOR of *The Minute Philoſopher*.

Firſt caſt out the beam out of thine own Eye; and then ſhalt thou ſee clearly to caſt out the mote out of thy brother's eye. S. Matt. c. vii. v. 5.

LONDON:
Printed for J. TONSON in the *Strand*. 1734.

80. Berkeleys Aufsatz *The Analyst* (1734)

überschüttete er zum Beispiel Newtons gesamte Idee der Fluxion mit Hohn und Spott, einschließlich dessen, was Newton ›flüchtige Zuwächse‹ nennt.

Berkeleys Kritik ist vernichtend:

> »Und was nun stellen diese flüchtigen Zuwächse dar? Sie sind weder endliche Größen noch unendlich kleine Größen noch sonst irgendetwas. Können wir sie nicht die Geister hingeschiedener Größen nennen?«

Möglicherweise jedoch richten sich Berkeleys bissigste Angriffe auf die *Argumentation*, die im Calculus benutzt wird.

Noch einmal die Änderungsrate

Um Berkeleys Einwände besser nachvollziehen zu können, machen wir uns noch einmal klar, was wir algebraisch eigentlich *tun*, wenn wir selbst etwas so Einfaches wie $y = x^2$ differenzieren.

Zuerst erhöhen wir x auf zum Beispiel $x + h$. Der Anstieg von y beträgt dann $(x + h)^2 - x^2 = 2hx + h^2$.

Dann dividieren wir den einen Anstieg durch den anderen:
$$\frac{2hx + h^2}{h}, \quad (i)$$

kürzen den Faktor h und erhalten so

$$2x + h. \quad (ii)$$

Zum Schluss lassen wir den letzten Term weg (bzw. »löschen ihn aus«, wie Newton zu sagen pflegte) und erhalten

$$2x. \quad (iii)$$

Doch Berkeley würde sofort fragen: Ist h nun gleich Null oder nicht? Denn wenn h gleich 0 ist, wäre Schritt *(i)* nicht erlaubt, da man durch 0 nicht dividieren kann. Wenn h aber nicht gleich 0 ist, dann steckt irgendwo zwischen *(ii)* und *(iii)* ein Fehler.

In Berkeleys Augen scheinen wir unseren Kuchen zugleich zu behalten und aufzuessen.

> »Das erscheint mir als eine sehr inkonsistente Art der Argumentation, und solches würde Gott nicht erlauben.«

Ebenso unbeeindruckt war Berkeley von der damaligen Standardbegründung für das, was hier vor sich geht, nämlich dass h ›unendlich klein‹ sei:

> »Und mir nun eine Größe als unendlich klein vorzustellen, will sagen unendlich viel kleiner als jedwede vernünftige oder vorstellbare Größe ... übersteigt, ich gebe es zu, meine Fähigkeiten.«

Er glaubte einfach nicht, dass solche Dinge existieren.

Glaubten Newton oder Leibniz tatsächlich an das ›unendlich Kleine‹?

Wir haben bereits gesehen, wie Leibniz um 1680 das ›unendlich Kleine‹ heraufbeschwor (Kapitel 13).

Und auch Newton benutzte diese Idee in seinen frühen Arbeiten zum Calculus, obwohl ihm dabei sichtlich nicht wohl war. Dies wird recht deutlich in einem Manuskript von 1665, wo er anmerkt, dass die mathematischen Operationen, die er ausführe, nicht erlaubt werden dürften,

> »es sei denn, unendliche Kleinheit kann geometrisch betrachtet werden.«

Doch mit der Zeit scheinen beide Mathematiker von der Idee Abstand genommen zu haben.

In Buch 1 der *Principia* (1687) schreibt Newton beispielsweise:

> »Ich betrachte hier mathematische Größen nicht als Zusammensetzung extrem kleiner Teile, sondern als Erzeugnis aus kontinuierlicher Bewegung.«

Ein paar Jahre später schreibt Leibniz in einem Brief von 1706:

> »Philosophisch gesprochen, glaube ich nicht mehr an unendlich kleine Größen als an unendlich große ... Ich betrachte beide als Fiktionen des Verstandes, um etwas möglichst knapp zu formulieren ...«

Newton und Leibniz waren sich mithin sehr wohlbewusst, dass ihren deduktiven Argumentationen die strenge Genauigkeit der alten Griechen mit ihren brillanten (wenn auch oft mühseligen) Beweisen durch Widerspruch fehlte.

Vor allem für Leibniz jedoch hatte eine solche Strenge nicht oberste Priorität. Die Schlüsselfrage lautete vielmehr: ›Ergibt der Calculus korrekte Resultate?‹ Und wichtiger noch: ›Ermöglicht er die Entdeckung neuer Resultate?‹

Grenzwerte

Ich möchte zum Abschluss dieses Kapitels noch einmal zu den verschiedenen Schritten zurückkehren, die an der Differentiation von $y = x^2$ beteiligt sind.

Denn natürlich können wir geltend machen, dass wir von $2x + h$ zu $2x$ nicht gelangen, indem wir ›$h = 0$‹ setzen, sondern indem wir stattdessen den Grenzwert von $2x + h$ für ›h strebt gegen 0‹ nehmen.

Wahrscheinlich würde Berkeley hier sofort fragen, was genau wir damit meinen.

Und wie sich herausstellte, brauchten die Mathematiker in der Tat sehr lange, um die Idee ›Grenzwerts‹ auf eine schlüssige Basis zu stellen, doch dazu später.

Mittlerweile ist der Calculus im Galopp vorangestürmt, bisweilen mit halsbrecherischer Geschwindigkeit.

Denn er *funktionierte*.

19

Differentialgleichungen

»Es scheint mir offensichtlich, dass ausländische Mathematiker in jüngster Zeit in der Lage waren, ihre Forschungen in vielen einzelnen Punkten weiter voranzubringen, als Sir Isaac Newton und seine Anhänger es hierzulande getan haben.«
Thomas Simpson, britischer Mathematiker, 1757

Die nächste überragende Figur in dieser Geschichte des Calculus ist Leonhard Euler (1707–1783).

Euler war Schweizer, studierte bei John Bernoulli und verbrachte den Großteil seiner mathematischen Karriere später in Berlin und St. Petersburg.

Ein Zeitgenosse schreibt:

»Euler ist nicht, wie dies die großen Algebraiker für gewöhnlich sind, von ernstem Charakter und unbeholfenem Benehmen, sondern fröhlich und lebhaft.«

Er war zudem einer der produktivsten Mathematiker, die je gelebt haben, und die Akademie von St. Petersburg brachte auch fünfzig Jahre nach seinem Tod noch sein Erbe in Form wissenschaftlicher Schriften heraus.

In mehreren seiner wichtigsten Beiträge befasste er sich mit der Dynamik, wo er aufbauend auf Newtons wegweisende Arbeiten dazu beitrug, die Grundlagen für einen Ansatz zu diesem Thema zu legen, der heute noch weitverbreitet Anwendung findet.

81. Leonhard Euler

Eine seiner Schlüsselideen ist die, ein physikalisches Problem zuerst in *Differentialgleichungen* zu formulieren.

Eine Differentialgleichung ist eine Gleichung, in der wir etwas über die *Rate* erfahren, mit der eine Größe sich ändert. Unsere Aufgabe besteht also darin, festzustellen, wie sich die Größe mit der Zeit ändert.

Um dies zu demonstrieren, wenden wir uns einer der ältesten Fragestellungen wissenschaftlicher Forschung zu.

Das einfache Pendel

In seiner primitivsten Form ist ein einfaches Pendel nur eine Masse, die mit einem Stück Schnur an einem festen Punkt aufgehängt ist.

Aber es zeigt sich, dass *kleine* Schwingungen eines solchen Pendels von der Differentialgleichung in Abb. 82 bestimmt werden.

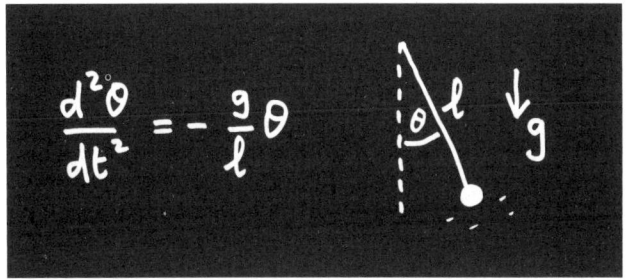

82. Die Differentialgleichung für kleine Schwingungen eines einfachen Pendels

Θ ist hier der Winkel (in Radiant) zwischen dem Pendel und der Senkrechten zum Zeitpunkt t, während l die Länge des Pendels bezeichnet und g die Beschleunigung aufgrund der Erdanziehung (9,81 ms^{-2}).

Die Gleichung selbst ist im Wesentlichen nur eine Darstellung des fundamentalen Bewegungsgesetzes: *Kraft = Masse × Beschleunigung* in einer Richtung senkrecht zur Schnur.

Ohne allzu sehr ins Detail gehen zu wollen, ist hier zu beachten, dass die rechte Seite der Gleichung *proportional* zu Θ ist und aus der Kraft resultiert, die der Gravitation geschuldet ist. Das Minuszeichen rührt daher, dass diese Kraft stets versucht, das Pendel zurück zur senkrecht herabhängenden Ausgangsposition bei Θ = 0 zu schieben.

Die linke Seite der Gleichung hingegen resultiert aus der Beschleunigung, wobei $d^2Θ/dt^2$ die zweite Ableitung von Θ bezeichnet, wie in Kapitel 14 erklärt.

Unsere Aufgabe ist es nun, diese Gleichung zu lösen, um herauszufinden, wie der Winkel Θ von der Zeit t abhängt.

Was das Problem ist

Wir sehen uns also konfrontiert mit

$$\frac{d^2θ}{dt^2} = -\frac{g}{l}θ,$$

und eine vollkommen vernünftige erste Reaktion wäre: Zweimal nach t integrieren.

Doch da gibt's ein Problem.

Und es ist ziemlich schwerwiegend.

Das Problem ist nicht, dass die rechte Seite eine ungeheuer sperrige Funktion von t wäre, die das Integrieren nach t schwierig macht.

Das Problem ist, dass die rechte Seite überhaupt nicht als Ausdruck von t angegeben ist; sie ist als Ausdruck von Θ angegeben, und wir haben zunächst überhaupt keine Ahnung, in welcher Weise Θ von t abhängt, denn genau das versuchen wir ja gerade herauszufinden.

Dies ist absolut typisch für alle Differentialgleichungen und der Grund dafür, warum sie oft ein so hohes Maß an Einfallsreichtum verlangen.

Eine Lösung

Zufälligerweise trifft es in diesem speziellen Fall nicht ganz zu, dass wir überhaupt keine Ahnung hätten davon, wie Θ von t abhängt; wie erwarten ja, dass das Pendel schwingt.

Nun haben wir in Kapitel 16 gesehen, dass die Funktionen $\cos t$ und $\sin t$ oszillieren, also erlauben wir uns ein wenig Spielraum und versuchen die Lösung

$$\Theta = A\cos\omega t,$$

wobei A und ω beide konstant sind. *A misst die Höhe* der (als klein angenommenen) Schwingungen und ω misst, wie oft sie auftreten werden.

Eine leichte Verallgemeinerung der Ergebnisse in Abb. 70 (nach Leibniz' Kettenregel) ergibt:

$$\frac{d}{dt}(\cos\omega t) = -\omega\sin\omega t$$

$$\frac{d}{dt}(\sin\omega t) = \omega\cos\omega t.$$

Wenn wir also $\Theta = A\cos\omega t$ zweimal differenzieren, erhalten wir

$$\frac{d^2\theta}{dt^2} = -A\omega^2\cos\omega t$$
$$= -\omega^2\theta.$$

Und plötzlich sehen wir, dass Θ eine Lösung der ursprünglichen Gleichung ist, wenn $\omega = \sqrt{g/l}$, in welchem Fall

$$\theta = A\cos\left(\sqrt{\frac{g}{l}}t\right).$$

Und dies ist tatsächlich *die* Lösung des Problems, wenn das Pendel von einer stationären Position bei $t = 0$ ausgeht und einen kleinen Winkel A zur Senkrechten bildet.

Die Schwingungsperiode

Die nächstliegende Frage ist nun: Wie lange dauert eine komplette Schwingung?

Die Antwort ist recht einfach, da wir aus Kapitel 16 wissen, dass die Funktion $\cos x$ jedes Mal eine vollständige Schwingung ausführt, wenn x um 2π steigt.

Der Zeitraum für eine vollständige Schwingung des Pendels beträgt daher zwingend

$$T = 2\pi\sqrt{\frac{l}{g}}.$$

Dies ist eine der ältesten und bekanntesten Formeln der gesamten Physik, und wie wir gerade gesehen haben, folgt sie, gepaart mit etwas Calculus, direkt aus dem Gesetz *Kraft = Masse × Beschleunigung*.

Bemerkenswerterweise hängt die Schwingungsperiode nicht von der Konstanten A ab. Vorausgesetzt die Schwingungen sind klein, kommt es also nicht darauf an, wie klein sie genau sind.

Die auffälligste Besonderheit aber ist, dass *T proportional zur Quadratwurzel der Länge l ist*.

Das hat um 1609 Galileo in einem seiner berühmtesten Experimente entdeckt. Wenn wir wollen, können wir (lose) in seine Fußstapfen treten.

Dazu versetzen wir ein Pendel in Schwingung und zählen jede *halbe* vollständige Schwingung, also von einem Ende des Ausschlags bis zum anderen.

Während wir gleichmäßig weiterzählen, kürzen wir die Schnur um den Faktor 4.

Wenn wir jetzt das Pendel wieder in Bewegung setzen, sollte es (in recht überzeugender Weise) im Rhythmus unserer Zählung eine vollständige Schwingung hin und zurück ausführen.

20

Calculus und E-Gitarre

Differentialgleichungen sind der Schlüssel zum Verständnis der physischen Welt und doch sind sie oft so anders als alles, was uns bis dato begegnet ist.

Warum ist das so? Weil allzu häufig die Größe, die wir zu bestimmen versuchen, von mehr als einer Variable abhängt.

Wenn Sie zum Beispiel eine Gitarrensaite zupfen, hängt die Auslenkung y der Saite offensichtlich nicht nur von der Zeit t ab, sondern auch von der Distanz x von einem Ende (Abb. 83).

83. Schwingungen einer Gitarrensaite

Also ist y eine Funktion *zweier* Variablen, t und x, für die wir eine anspruchsvollere Form des Calculus benötigen, die beinhaltet, was man *partielle Ableitungen* nennt:

$$\frac{\partial y}{\partial t} \quad \text{und} \quad \frac{\partial y}{\partial x}$$

Der erste Quotient ist einfach die Änderungsrate von y bezüglich t bei einem festen Wert von x und somit die Schwingungsgeschwindigkeit der Saite an einem gegebenen Punkt.

In ähnlicher Weise ist $\partial y/\partial t$ die Änderungsrate von y bezüglich x zu einem festen Zeitpunkt t und somit die Steigung der Saite zu diesem Zeitpunkt, so als würden wir davon einen Schnappschuss machen.

Die geringfügig andere Notation ›∂‹ – eine Art lockigem ›d‹ – soll lediglich daran erinnern, dass wir jetzt eine Gleichung mit mehr als einer Variablen differenzieren.

Die Wellengleichung

Angenommen, eine Gitarrensaite hat die Spannung T und die Masse pro Einheitslänge ρ. Wie sich herausstellt, wird die Auslenkung y von einer *partiellen Differentialgleichung* bestimmt (Abb. 84).

Hier ist $\partial^2 y/\partial t^2$ die Beschleunigung eines kleinen Abschnitts der Saite, und die rechte Seite ist die Kraft (pro Einheitsmasse), die diese Beschleunigung verursacht.

Um zu verstehen, warum diese Kraft die Form annimmt, die sie annimmt, stellen Sie sich vor, Sie würden einen Schnappschuss von diesem kleinen Stück der Saite machen. Wenn $\partial^2 y/\partial t^2 > 0$, nimmt die Steigung der Saite $\partial y/\partial x$ in diesem Moment mit x zu, sodass

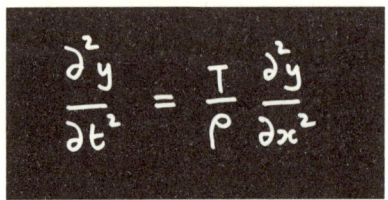

84. Die partielle Differentialgleichung für eine schwingende Saite

sich dieses bestimmte Stück leicht nach oben krümmt (Abb. 85).

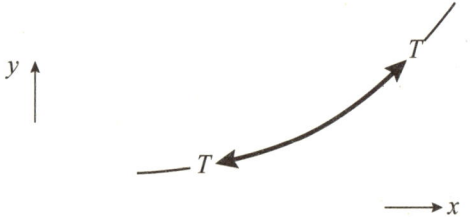

85. Kräfte, die auf ein kleines Stück der Saite wirken

Der Zug nach oben vom rechten Abschnitt der Saite ist dann geringfügig größer als der Zug nach unten vom linken Abschnitt, woraus sich eine Gesamtkraft nach oben ergibt, also in die positive y-Richtung.

Kurz gesagt ist es die Krümmung dieses kleinen Teils der Saite, welche die resultierende Gesamtkraft verursacht, die wir in der partiellen Differentialgleichung sehen.

Die Gleichung selbst, bekannt als *Wellengleichung*, wurde zuerst 1747 von Jean-Baptiste le Rond d'Alembert hergeleitet und gelöst. Das prägnanteste Merkmal dieser Lösung ist, dass sie *wandernde Wellen* einbezieht. Dies sind Störungen, die in *x*-Richtung die Saite entlangwandern, ohne ihre Form zu ändern (Abb. 86).

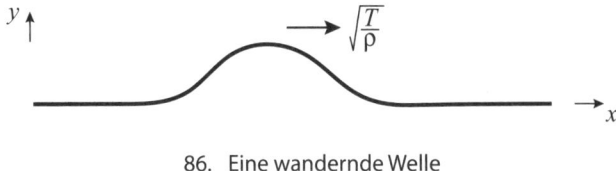

86. Eine wandernde Welle

Zudem ist die Geschwindigkeit *(speed)*, mit der sie wandern, $\sqrt{T/\rho}$, das heißt je größer die Spannung T der Saite, umso schneller wandern die Störungen. Tatsächlich wandern sie auf einer Gitarrensaite so schnell, dass es beinahe unmöglich ist, sie zu sehen. An einer lockeren Wäscheleine jedoch, wo T/ρ typischerweise sehr viel kleiner ist, sind sie ziemlich deutlich zu erkennen.

Schwingende Saiten

Um die *Klänge* einer Gitarrensaite zu verstehen, müssen wir allerdings einige Lösungen betrachten, die deutlich anders aussehen.

Angenommen, die Saite hat die Länge *l* und reicht von $x = 0$ bis $x = l$, wo sie befestigt ist, sodass dort jeweils $y = 0$.

Die einfachste Lösung der partiellen Differentialgleichung

$$\frac{\partial^2 y}{\partial t^2} = \frac{T}{\rho}\frac{\partial^2 y}{\partial x^2}$$

erhält dann die Form

$$y = A \sin \frac{\pi x}{l} \cos \omega t,$$

wobei ω eine Konstante ist, über die wir gleich sprechen.

Die ganze Saite vibriert daher mit einer einfachen Periode 2π/ω, verschiedene Abschnitte der Saite jedoch, die verschiedenen Werten von x entsprechen, schwingen um unterschiedliche Beträge (Abb. 87).

87. Der Grundmodus

Insbesondere ist y, wie vorausgesetzt, immer 0 an den beiden Enden $x = 0$ und $x = l$, da sin 0 = sin π = 0 (Abb. 70).

Diese Bewegung, bei der alle Teile der Saite sich zu einem gegebenen Zeitpunkt jeweils in dieselbe Richtung bewegen, nennt man ›Grundmodus‹.

Und die Frequenz dieses Modus', also die Zahl der Schwingungen pro Zeiteinheit, ist

$$\frac{\omega}{2\pi} = \frac{1}{2l}\sqrt{\frac{T}{\rho}}.$$

Dies folgt unmittelbar, wenn wir den Ausdruck für y in die Differentialgleichung selbsteinsetzen, und zwar in weitgehend ähnlicher Weise, wie wir es beim Pendel-Problem in Kapitel 19 gesehen haben.

Normalerweise sind die Spannung T und die Dichte ρ für jede Gitarrensaite festgelegt. Was uns hier also hauptsächlich interessiert, ist die Besonderheit, dass die Frequenz der Schwingung proportional zu $1/l$ ist.

Sie bestimmt, dass man durch das Drücken auf einen Bund und also Verkürzung der Saite einen höheren Ton erzeugt.

Insbesondere halbiert das Drücken auf den zwölften Bund die Saitenlänge und verdoppelt dadurch die Grundfrequenz, weshalb der resultierende Ton nun eine Oktave höher liegt als bei offener Saite.

Der Grundmodus ist aber nur der erste einer ganzen Sequenz von Schwingungsarten (Abb. 88).

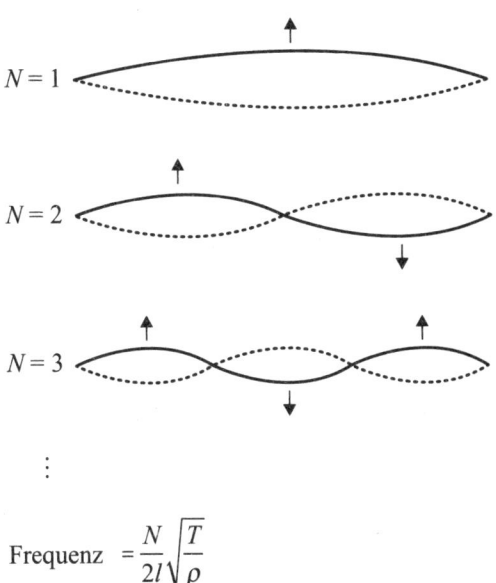

88. Vibrationsmodi

Am auffälligsten ist: Die Schwingungsfrequenz eines jeden Modus ist ein ganzzahliges Vielfaches N der Grundfrequenz.

Auch dies folgt aus der Differentialgleichung selbst, wobei zusätzlich die Bedingungen an den beiden Enden eine Schlüsselrolle spielen. Denn für diese höheren Modi ist y proportional zu $\sin N\pi x/l$, was am rechten Ende $x = l$ nur dann 0 ist, wenn N eine ganze Zahl ist (Abb. 70).

Insbesondere schwingt die Saite im Modus $N = 2$, in dem sich beide Hälften der Saite zu jeder Zeit in entgegengesetzte Richtungen bewegen, mit verdoppelter Grundfrequenz und klingt deshalb eine Oktave höher.

Wenn wir in der Praxis an einer Gitarrensaite zupfen, ist das Ergebnis typischerweise eine komplizierte Mischung aus *allen* Schwingungsarten. Und während der Grundmodus $N = 1$ für gewöhnlich dominiert, kann man die höheren Harmonien betonen, indem man die Saite nahe am Steg zupft. Der Ton klingt dann rauer und weniger rund.

Darüber hinaus gibt es (wie alle Rockgitarristen wissen) allerlei anspruchsvolle Spieltechniken, um einen Modus zu unterdrücken und einen anderen hervorzuheben. Etliche dieser Tricks nutzen die Tatsache aus, dass die höheren Modi an ausgewählten Stellen entlang der Saite *Knoten* haben, also Punkte ohne Bewegung.

Oft wird ein gewünschter Modus sogar durch die künstliche Erzeugung eines passenden Knotens erreicht – wenn man Glück hat.

21

Die beste aller möglichen Welten?

»Die Natur handelt immer nach den einfachsten und schnellsten Mitteln und Wegen.«
Pierre de Fermat, 1662

Die Vorstellung, wir könnten in der ›besten aller möglichen Welten‹ leben, ist einer von Leibniz' kontroversesten Beiträgen zur Philosophie und wurde schon 1759 von Voltaire in seinem berühmten satirischen Roman *Candide* verspottet.

Und doch erlangte die Aussicht auf eine Welt, die *in gewisser Weise* bestmöglich sei, zu jener Zeit einige wissenschaftliche Glaubwürdigkeit.

Schon 1662 beispielsweise hatte Fermat vorgebracht, dass Licht sich immer so von einem Punkt zum nächsten bewege, dass es dabei die *geringste Zeit* benötigte. Und wie wir in Kapitel 13 gesehen haben, nutzte Leibniz die brandneue Differentialrechnung, um zu zeigen, dass Licht sich tatsächlich so verhält, wenn es an einer ebenen Fläche gebrochen wird (Abb. 89).

Zwar haben Kritiker rasch auf einige Ausnahmen zu dieser Regel hingewiesen (zum Beispiel die Reflexion an einem konkaven kugelförmigen Spiegel), doch wurden natürlich weiterhin allgemeine Ideen dieser Art untersucht und hatten bis Mitte des 18. Jahrhunderts Eingang in Mechanik und Optik gefunden.

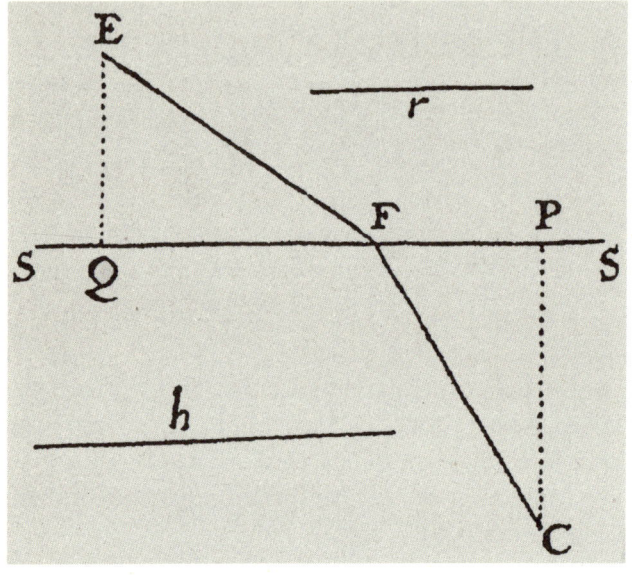

89. Die Brechung des Lichts, Illustration aus Leibniz' Abhandlung von 1684

All dies hat – wenig überraschend – dazu beigetragen, ein erneutes mathematisches Interesse an Problemen der *Optimierung* aufkommen zu lassen.

Um das etwas besser zu verstehen, müssen wir unser Wissen ein gutes Stück über das aus Kapitel 6 hinaus erweitern.

Optimierung erweitert

Erstens: Die Größe, die wir maximieren oder minimieren möchten, könnte von mehr als einer Variablen abhängen.

Um das zu veranschaulichen, möchte ich ein bestimmtes Problem betrachten, auch wenn es, wie ich fürchte, kaum glaubhafter ist als das des Bauern mit seinem Feld in Kapitel 6.

Stellen wir uns dennoch vor, dass wir ein Bücherregal eines gegebenen Volumens V mit zwei Fächern bauen wollen und dafür so wenig Material wie möglich verwenden möchten (Abb. 90).

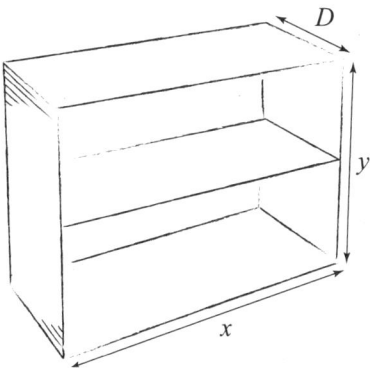

90. Ein Bücherregal mit zwei Fächern

Mit der Breite x, Höhe y und Tiefe D erhalten wir eine Gesamtoberfläche von $A = xy + 2yD + 3xD$. Wenn wir das gegebene Volumen $V = xyD$ nutzen, um zum Beispiel D zu eliminieren, folgt

$$A = xy + \frac{2V}{x} + \frac{3V}{y}.$$

Wenn wir nun A minimieren wollen, um so wenig Material wie möglich zu verwenden, müssen wir die Funktion *zweier* unabhängiger Variablen, x und y, minimieren.

Das erreichen wir, indem wir die zwei partiellen Ableitungen berechnen:

$$\frac{\partial A}{\partial x} = y - \frac{2V}{x^2},$$

$$\frac{\partial A}{\partial y} = x - \frac{3V}{y^2},$$

und dann *beide* gleich 0 setzen. Dies ergibt zwei Gleichungen für die Unbekannten x und y. Wenn wir dies mit $V = xyD$ zusammenführen, erkennen wir, dass Breite, Höhe und Tiefe im Verhältnis 2:3:1 stehen müssen.

Zufällig ist genau dies die Lösung unseres Problems, in der Regel jedoch ist die Situation deutlich komplizierter.

Denn wenn z die Funktion zweier Variablen x und y ist, können wir sie uns geometrisch als Oberfläche vorstellen. Und die drei Funktionen in Abb. 91 weisen alle die beiden partiellen Ableitungen 0 bei $x = 0$, $y = 0$ auf. Die erste jedoch hat dort ein Minimum, die zweite ein Maximum und die dritte keins von beidem, denn der Ursprung der Koordinaten ist in diesem Fall ein ›Sattelpunkt‹.

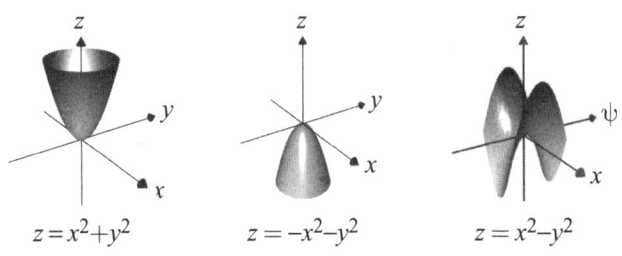

91. Einige Funktionen mit zwei Variablen

Die Ableitungen gleich 0 zu setzen, reicht also, wie schon bei den Optimierungsproblemen in Kapitel 6, nicht aus.

Die Variationsrechnung

Noch anspruchsvoller ist eine zweite Art von Problem, bei der die Größe, die wir versuchen zu maximieren oder zu minimieren, von einer ganzen *Kurve* oder *Oberfläche* abhängt.

Das vielleicht berühmteste Beispiel ist das Brachistochrone-Problem, für das John Bernoulli 1696 die Lösung fand. Die Frage lautet: Welche Kurve zwischen zwei gegebenen Punkten A und B erlaubt es einem Objekt, allein unter Einwirkung der Schwerkraft innerhalb der *kürzest möglichen Zeit* herunterzugleiten?

Galileo hatte schon viel früher gezeigt, dass der kürzeste *Weg* – eine gerade Linie – nicht die Antwort ist, hatte jedoch irrtümlicherweise behauptet, die richtige Antwort sei ein Kreisbogen.

Bernoulli wies nach, dass die Lösung eine auf den

Kopf gestellte Rollkurve (Zykloide) ist (Abb. 92), also eine Kurve, die ein Punkt auf dem Rand eines Rades beschreibt, das über einen waagerechten Untergrund rollt.

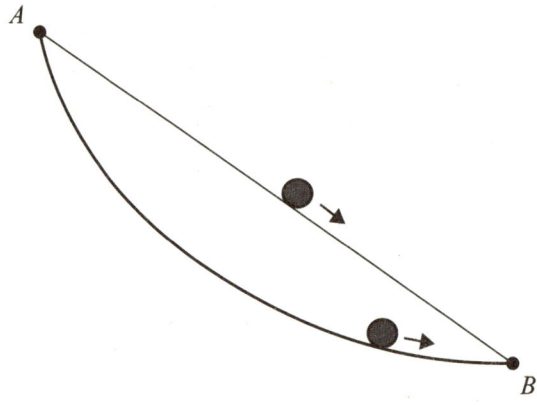

92. Das Brachistochrone-Problem

Probleme dieser Art verlangen nach einem komplexen Teilgebiet der Mathematik, der Variationsrechnung, die im 18. Jahrhundert von Euler und Joseph-Louis Lagrange (1736–1813) entwickelt wurde. Das Ergebnis ist typischerweise eine Differentialgleichung für die Kurve oder Oberfläche, die die erwünschte maximale oder minimale Eigenschaft besitzt.

Stellen wir uns zum Beispiel zwei kreisrunde Reifen vor, zwischen denen sich ein Seifenfilm spannt (Abb. 93). Der Film wird danach streben, eine möglichst kleine Oberfläche zu erzeugen, um seine Oberflächenenergie zu minimieren.

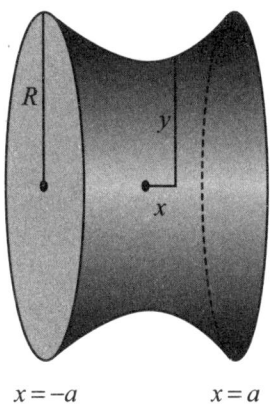
$x = -a$ $x = a$

93. Ein Seifenfilm zwischen zwei Reifen

Der Variationsrechnung zufolge lautet die Differentialgleichung für seinen Radius y:

$$y\frac{d^2y}{dx^2} - \left(\frac{dy}{dx}\right)^2 = 1$$

Das mathematische Problem besteht also darin, unter den Randbedingungen $y = R$, wenn $x = -a$ und wenn $x = a$ eine Lösung für diese Gleichung zu finden.

Wie so oft, ist das Interessanteste in diesem Fall nicht die Lösung selbst, sondern die Besonderheit, dass es gar keine Lösung gibt, wenn $a/R > 0{,}6627$, d. h. wenn die Reifen weiter voneinander entfernt sind als etwa ⅔ ihres Durchmessers.

Wenn wir im Experiment den Abstand zwischen den Reifen allmählich über diesen kritischen Wert hinaus erhöhen, kollabiert plötzlich ohne ersichtlichen Grund der gesamte Film in zwei flache, kreisrunde Filme in jedem Reifen.

22

Die geheimnisvolle Zahl e

Im Calculus ragt eine bestimmte Zahl als ›besonders‹ heraus:

$$e = 1 + 1 + \frac{1}{1 \times 2} + \frac{1}{1 \times 2 \times 3} + \frac{1}{1 \times 2 \times 3 \times 4} + \cdots$$
$$\approx 2{,}718.$$

Um zu verstehen, wie diese Zahl entsteht, beginnen wir mit einem eher fernliegenden Thema – der Ausbreitung von Krankheiten.

Exponentielles Wachstum

In den frühen Stadien einer Epidemie verdoppelt sich die Zahl der Fälle gewöhnlich innerhalb einer gegebenen Zeitspanne – sagen wir, innerhalb weniger Tage.

Wenn wir diese ›Verdopplungszeit‹ als unsere Zeiteinheit nehmen, wird zum Zeitpunkt $t = 1, 2, 3, 4 \ldots$ die Zahl der Fälle 1, 2, 4, 8, 16 ... betragen, also 2^t. Das ist das sogenannte exponentielle Wachstum, und es ist eine unmittelbare mathematische Konsequenz der naheliegenden Annahme (zumindest für die frühen Stadien), dass die Infektionsrate proportional zur Anzahl der Personen ist, welche die Krankheit bereits haben.

Und dieses Ergebnis wiederum findet eine unmittelbare Entsprechung im Calculus, wo die Funktion $y = 2^t$ für alle t definiert ist (und nicht nur t als ganze Zahl).

Denn die Änderungsrate von $y = 2^t$ erweist sich als proportional zu 2^t selbst.

Die Funktion e^t

Noch bemerkenswerter ist, dass eine geringfügig größere Zahl e existiert, für die e^t und ihre eigene Ableitung tatsächlich gleich sind, nämlich

$$\frac{d}{dt}(e^t) = e^t.$$

Und genau darin liegt wohl die Schlüsseleigenschaft, die e als besondere Zahl im Calculus so herausragen lässt.

Während

$$e^0 = 1,$$

wächst (in Übereinstimmung mit Kapitel 13) die Funktion $y = e^t$ sehr rasch, wie Abb. 94 zeigt.

Der einfachste Weg, die Zahl e zu berechnen, ist vermutlich die Darstellung von e^t als unendliche Reihe:

$$e^t = 1 + t + \frac{t^2}{1 \times 2} + \frac{t^3}{1 \times 2 \times 3} + \frac{t^4}{1 \times 2 \times 3 \times 4} + \cdots$$

Dass dies in der Tat die korrekte Darstellungsweise ist, lässt sich ganz einfach nachprüfen. Denn wenn wir differenzieren, erhalten wir

$$\frac{d}{dt}(e^t) = 0 + 1 + \frac{2t}{1 \times 2} + \frac{3t^2}{1 \times 2 \times 3} + \frac{4t^3}{1 \times 2 \times 3 \times 4} + \cdots$$

und nach ein paar einfachen Kürzungen wird klar, dass die rechte Seite die ursprüngliche unendliche Reihe selbst ist, also wiederum e^t.

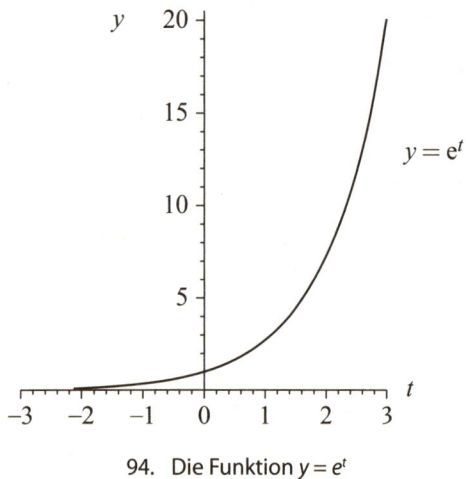

94. Die Funktion $y = e^t$

Dies erfüllt auch die Bedingung, dass $e^0 = 1$, denn alle Terme bis auf den ersten sind dann 0.

Außerdem zeigt sich, dass diese unendliche Reihe für alle t konvergent ist, und indem wir $t = 1$ setzen, erhalten wir schließlich diejenige Reihe für e, mit der wir das Kapitel begonnen haben:

$$e = 1 + 1 + \frac{1}{1 \times 2} + \frac{1}{1 \times 2 \times 3} + \frac{1}{1 \times 2 \times 3 \times 4} + \cdots$$

n	Summe der ersten n Terme
1	1
2	2
3	2,5
4	2,666…
5	2,7083…
6	2,7166…
7	2,71805…
8	2,71825…

Die Konvergenz ist schnell und die bekannteste Annäherung an e, nämlich 2,718, taucht bereits nach sieben Termen der Reihe auf.

e und Euler

Die Zahl e hat eine komplizierte Geschichte, doch erstmals öffentlich bekannt wurde sie mit Eulers Klassiker *Introductio in analysin infinitorum* von 1748.

Euler präsentierte sie jedoch in anderer Form, die wir heute so schreiben würden:

$$e = \lim_{n \to \infty} \left(1 + \frac{1}{n}\right)^n$$

Dieser Grenzwert ist faszinierend, denn jede *feste* Zahl größer als 1, potenziert mit einem immer größer werdenden Exponenten, würde gegen unendlich streben.

Hier aber *sinkt*, während der Exponent steigt, die damit potenzierte Zahl und rückt immer näher an 1 heran, und zwar genau so, dass ein endlicher Grenzwert entsteht.

e und das Glücksspiel

Nehmen wir an, die Chance, den Jackpot eines Spielautomaten zu knacken, liegt bei 1 von 100 und wir spielen 100 mal.

Wie hoch ist die Wahrscheinlichkeit zu gewinnen?

Nun, die Wahrscheinlichkeit, jedes Mal zu verlieren, ist $(1 - 1/100)^{100}$, was sehr nahe an e^{-1} ist, also $1/e$, und also etwa 37%.

Somit liegt die Gewinnchance bei etwa 63%.

e und Logarithmen

Scharfsinnige Leser mögen bemerkt haben, dass es für di Regel zur Integration jeder Potenz von x in Kapitel 14 eine Ausnahme gibt.

Der Ausnahmefall ist x^{-1} bzw. $1/x$, und eigentümlicherweise gibt es hier ein vollständig anderes Integral, das den Logarithmus von x zur Basis e enthält:

$$\int \frac{1}{x} dx = \log_e x + \text{Konstante}$$

e und die Suche nach Glück

Ist man auf Partnersuche, so ist die beste Strategie scheinbar die, die ersten 1/e Möglichkeiten, also die ersten 37% abzulehnen, um sich dann ganz auf die erste neue Möglichkeit einzulassen, die besser ist als die ersten 37%.

Ich sage ›scheinbar‹ – ausprobiert habe ich es nicht.

23

Wie man eine Reihe erstellt

Einer von Eulers zahlreichen Beiträgen zum Calculus war ein subtiler Wechsel der Blickrichtung darauf, worum es im Calculus überhaupt geht.

Ganz zu Anfang betrachtete man den Calculus auf sehr geometrische Weise und es ging immer um Kurven und ihre verschiedenen Eigenschaften. Im 18. Jahrhundert begann sich ein eher algebraischer Blickwinkel durchzusetzen und für Euler und andere ging es nur noch um *Funktionen*.

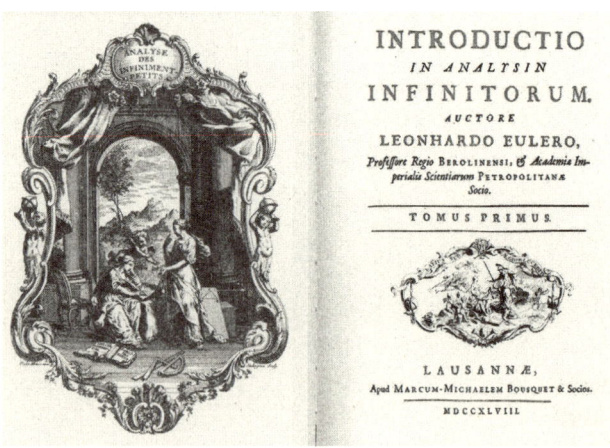

95. Eulers *Introductio in analysin infinitorum* von 1748

Euler war es auch, der die Notation

$$y = f(x)$$

einführte, die heute nahezu universell verwendet wird, um zu bezeichnen, dass y eine Funktion von x ist.

Die moderne Sicht auf die Funktion f ist, wie wir gesehen haben, einfach eine Regel, die jedem Wert von x einen bestimmten und eindeutigen Wert von y zuordnet, wie etwa $f(x) = x^2$ oder $f(x) = \sin x$.

Manchmal ist es auch praktisch, einen Hochstrich zu verwenden, um eine Ableitung zu bezeichnen:

$$f'(x) = \frac{dy}{dx},\ f''(x) = \frac{d^2 y}{dx^2},$$

und so weiter (siehe Kapitel 14).

Ich führe diese Notation an diesem Punkt ein, um die Verbindung mit unendlichen Reihen aufzuzeigen.

Als ich zum Beispiel in Kapitel 22 eine Reihe für e^t aufgestellt habe, war es ein bisschen so, als würde ich ein Kaninchen aus dem Zylinder zaubern – dessen bin ich mir wohl bewusst.

In Abb. 96 sehen wir, wie Newton bereits 1669 zu unendlichen Reihen für $\sin\Theta$ und $\cos\Theta$ gelangte, und zwar mithilfe einer brillanten ad-hoc-Methode, die allerdings schwierig zu verallgemeinern wäre.

Es liegt deshalb nahe, zu fragen, ob es nicht eine leichtere, routinemäßigere Möglichkeit gibt, eine gegebene Funktion als unendliche Reihe darzustellen.

Si ex dato arcu aD Sinus AB defideratur; æquationis $z = x + \tfrac{1}{6}x^3 + \tfrac{3}{40}x^5 + \tfrac{15}{336}x^7$, &c. fupra inventæ, (pofito nempe AB = x, aD = z, & Aa = 1,) radix extracta erit $x = z - \tfrac{1}{6}z^3 + \tfrac{1}{120}z^5 - \tfrac{1}{5040}z^7 + \tfrac{1}{362880}z^9$, &c.
Et præterea fi Cofinum Aβ ex ifto arcu dato cupis, fac Aβ $(= \sqrt{1-xx}) = 1 - \tfrac{1}{2}z^2 + \tfrac{1}{24}z^4 - \tfrac{1}{720}z^6 + \tfrac{1}{40320}z^8 - \tfrac{1}{3628800}z^{10}$, &c.

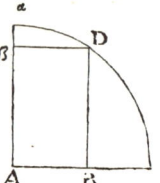

96. Unendliche Reihen für sinΘ und cosΘ in Newtons *De Analysi* von 1669 (erschienen 1711). Sein z ist unser Θ und sein x ist unser sinΘ.

Taylorreihen

Angenommen, wir möchten eine Funktion *f*(x) in der Form

$$f(x) = A + Bx + Cx^2 + Dx^3 + \ldots$$

schreiben.

Die naheliegende Frage lautet: Wie bestimmen wir die Konstanten *A*, *B*, *C* …?

Bemerkenswerterweise gibt es hierfür eine sehr simple Methode. Wir differenzieren einfach Term für Term *wiederholt* nach *x*:

$$f'(x) = B + 2Cx + 3Dx^2 + \cdots$$

$$f''(x) = 2C + 2 \times 3Dx + \cdots$$

$$f'''(x) = \qquad 2 \times 3D + \ldots$$

Zuletzt setzen wir in all diesen Gleichungen $x = 0$. Und erkennen sofort, dass

$$A = f(0), \quad B = f'(0),$$

$$C = \frac{1}{2} f''(0), \quad D = \frac{1}{2 \times 3} f'''(0)$$

und so weiter.

Kurz gefasst:

$$f(x) = f(0) + xf'(0) + \frac{x^2}{1 \times 2} f''(0) + \frac{x^3}{1 \times 2 \times 3} f'''(0) + \ldots$$

Wenn wir also einige (heikle) Fragen wie etwa die der Konvergenz beiseitelassen, liegt der Schlüssel zur Darstellung einer Funktion in dieser Weise darin, die Werte der Funktion und alle ihre Ableitungen *an einem bestimmten Punkt* zu kennen, in diesem Fall für $x = 0$.

Die Reihe ist nach dem englischen Mathematiker Brook Taylor benannt, der 1715 ein gleichwertiges Ergebnis publizierte, das aber 1671 schon James Gregory bekannt gewesen sein dürfte. Man findet es auch (mit genau derselben Argumentation) in einem unveröffentlichten Manuskript Newtons von 1691/1692 (Abb. 97).

Das einfachste Beispiel einer Taylorreihe in Anwendung ist vermutlich $f(x) = e^x$, denn dann sind $f(x)$ und all ihre Ableitungen gleich 1 für $x = 0$ und die Reihe verwandelt sich in jene, die wir bereits aus Kapitel 22 kennen.

97. Newton entdeckt 1691/1692 die Taylorreihe für den Fall $f(0) = 0$. Er benutzt einen Punkt, um eine Ableitung nach einer 'fluxionalen' Variablen t zu bezeichnen, wie in Kapitel 14 erklärt.

$$e^x = 1 + x + \frac{x^2}{1 \times 2} + \frac{x^3}{1 \times 2 \times 3} + \ldots$$

Doch auch die Funktionen $\sin x$ und $\cos x$ eignen sich gut, um auf diese Weise mit ihnen zu arbeiten, und die wiederholte Anwendung der Ergebnisse aus Abb. 70 führt zu

$$\sin x = x - \frac{x^3}{1 \times 2 \times 3} + \frac{x^5}{1 \times 2 \times 3 \times 4 \times 5} - \ldots$$

$$\cos x = 1 - \frac{x^2}{1 \times 2} + \frac{x^4}{1 \times 2 \times 3 \times 4} - \ldots$$

Und natürlich hat es einen Grund, warum ich diese beiden Reihen direkt neben jene für e^x stelle …

24

Der Calculus mit imaginären Zahlen

1748 führte Euler den Calculus in eine gänzlich neue und andere Richtung mit einem außerordentlichen Ergebnis, das die Zahl e mit den trigonometrischen Funktionen verband (Abb. 98).

$$e^{i\theta} = \cos\theta + i\sin\theta$$

98. Eine überraschende Verbindung

Die bemerkenswerte Besonderheit hier ist das Erscheinen der imaginären Zahl

$$i = \sqrt{-1},$$

die zu jener Zeit noch mit einer gewissen Skepsis behandelt wurde.

Um zu verstehen, wie dieses Ergebnis zustande kommt, brauchen wir nur die unendliche Reihe für e^x

aus Kapitel 23 und ein bisschen Mut, um die imaginäre Zahl $x = i\Theta$ einzufügen, wobei Θ real ist.

Danach ist es nur noch eine Frage der wiederholten Verwendung von $i^2 = -1$ und der separaten Sammlung von realen und imaginären Termen, um

$$e^{i\theta} = \left(1 - \frac{\theta^2}{2} + \frac{\theta^4}{2\times 3\times 4} - \ldots\right)$$
$$+ i\left(\theta - \frac{\theta^3}{2\times 3} + \frac{\theta^5}{2\times 3\times 4\times 5} - \ldots\right)$$

zu erhalten, was bereits das Ergebnis ist, denn die zwei Reihen in Klammern sind *exakt diejenigen* für $\cos\Theta$ und $\sin\Theta$ aus Kapitel 23!

Ein besonderer Fall, den wir erhalten, wenn wir $\Theta = \pi$ setzen, gilt als eine der bemerkenswertesten Gleichungen in der gesamten Mathematik:

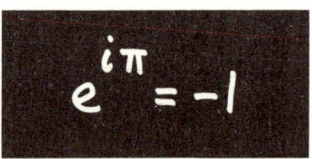

99. Die schönste Gleichung aller Zeiten?

Denn sie verbindet auf höchst überraschende Weise die drei speziellen Zahlen e, i und π. (Seltsam jedoch, dass genau diese Gleichung in keinem von Eulers Werken explizit auftaucht.)

Funktionen einer komplexen Variablen

Um das Jahr 1800 etwa wurde die allgemeine Idee einer komplexen Zahl

$$z = x + y\mathrm{i},$$

bei der x und y reale Zahlen sind, allmählich vertrauter und Mathematiker begannen, solche Zahlen sogar als Punkte in einer komplexen Ebene mit realer und imaginärer Achse zu visualisieren (Abb. 100).

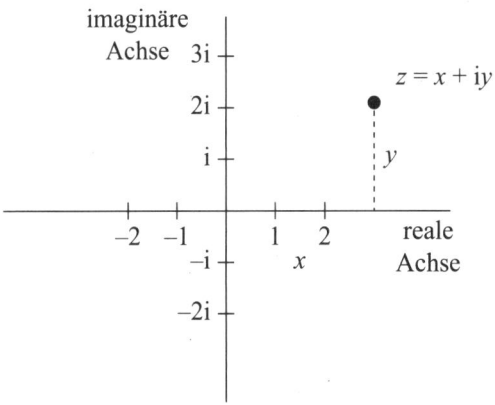

100. Die komplexe Ebene

Um das Jahr 1820 dann begann der französische Mathematiker Augustin-Louis Cauchy den Calculus von *Funktionen* mit einer komplexen Variablen z zu entwickeln.

Und es kann kaum überraschen, dass hier auch die zentrale Idee einer Ableitung nach z enthalten ist, sodass – wenn w eine komplexe Variable ist, die eine Funktion von z ist – folgt:

$$\frac{dw}{dz} = \lim_{\delta z \to 0} \frac{\delta w}{\delta z}$$

Auch wenn diese Definition recht harmlos erscheint – sie ist es nicht. Denn im Prinzip können wir den Grenzwert $\delta z \to 0$ auf viele verschiedene Arten bestimmen, weil wir uns – salopp ausgedrückt – dem Punkt z in der komplexen Ebene ausvielen verschiedenen Richtungen nähern können. Und die Anforderung, dass all die verschiedenen Annäherungen denselben Grenzwert dw/dz ergeben, abhängig nur vom Punkt z selbst, hat weitreichende und manchmal recht außergewöhnliche Folgen.

Der Calculus des Fluges

Eine dieser Folgen wurde zu Beginn des 20. Jahrhunderts in den Anfangszeiten der Aerodynamik erkennbar.

Das Problem war, kurz gefasst: Wie ermitteln wir das Strömungsmuster an einer Tragfläche?

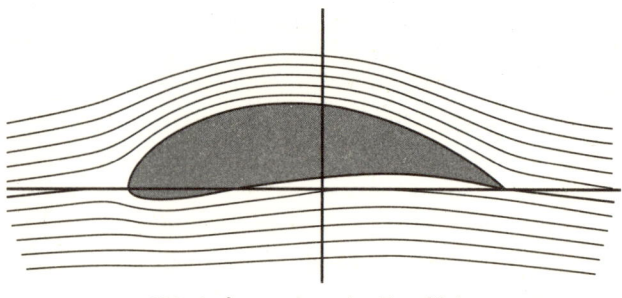

101. Luftstrom um eine Tragfläche

Im Prinzip müssen wir einfach nur die passenden Differentialgleichungen für die Strömungsbewegung aufschreiben und lösen.

In der Praxis jedoch wirft die komplizierte Form der Tragfläche mit ihrer scharfen Abrisskante schwerwiegende mathematische Probleme auf (Abb. 101).

Das entsprechende Problem für die Strömung am Kreiszylinder ist dagegen mathematisch sehr viel leichter zu analysieren (Abb. 102).

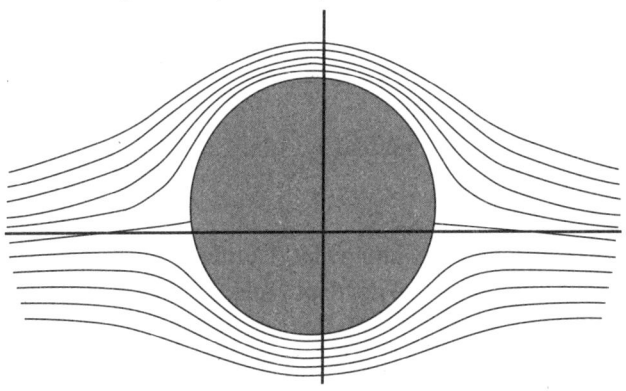

102. Stromlinien am Kreiszylinder

Bemerkenswerterweise ist es möglich, diese Stromlinien einer simplen Umformung zu unterziehen und damit das Strömungsmuster für die Tragfläche zu erhalten, wenn wir die Stromlinien als *Kurven in einer komplexen Ebene* betrachten.

Kurzum, und so unwahrscheinlich es klingen mag, es ist möglich, bestimmte sehr reale Probleme der Strömungsdynamik zu lösen, indem man in die komplexe Ebene springt, eine gekonnte Umformung vornimmt, und dann wieder herausspringt.

25

Das Unendliche beißt zurück

»Cauchy ist wahnsinnig ... doch im Augenblick ist er
der einzige, der weiß, wie man Mathematik betreibt.«
*Niels Abel, norwegischer Mathematiker,
in einem Brief von 1826*

Im 19. Jahrhundert bemühten sich Cauchy und andere Mathematiker, den Calculus auf exaktere Grundlagen zu stellen.

Fast überall ging es auf die ein oder andere Weise um das Unendliche. Doch mit dem Unendlichen zu spielen, konnte gefährlich sein.

Ein ›Verschwinde-Trick‹

Ein Beispiel für diesen Trick ist die unendliche Reihe

$$1 - \frac{1}{2} + \frac{1}{3} - \frac{1}{4} + \frac{1}{5} - \frac{1}{6} + \cdots,$$

die ein bisschen aussieht wie die Leibniz-Reihe, aber alle ganzen Zahlen statt nur die ungeraden benutzt.

Die Reihe konvergiert tatsächlich und ihre Summe ist $\log_e 2 = 0{,}693\ldots$

Doch nehmen wir an, wir addieren die Terme *in anderer Reihenfolge*, indem wir immer zwei negative Terme einem positiven folgen lassen:

$$\left(1 - \frac{1}{2}\right) - \frac{1}{4} + \left(\frac{1}{3} - \frac{1}{6}\right) - \frac{1}{8} + \left(\frac{1}{5} - \frac{1}{10}\right) - \frac{11}{12} + \cdots$$

Ich möchte an dieser Stelle betonen, dass wir keine Terme weglassen und auch keine hinzufügen. Ebenso wenig verändern wir das Vorzeichen irgendeines Terms.

Man könnte also meinen, dass die neue Reihe zwangsläufig gegen dieselbe Summe konvergiert wie zuvor.

Tut sie aber nicht.

Wenn wir alle Klammern vereinfachen, können wir die neue Reihe umschreiben in

$$\frac{1}{2} - \frac{1}{4} + \frac{1}{6} - \frac{1}{8} + \frac{1}{10} - \frac{1}{12} + \cdots$$

und das ist gleich

$$\frac{1}{2}\left(1 - \frac{1}{2} + \frac{1}{3} - \frac{1}{4} + \frac{1}{5} - \frac{1}{6} + \cdots\right),$$

also *die Hälfte* der ursprünglichen Summe!

Mit anderen Worten: Es sieht aus, als hätten wir die Hälfte von 0,693 einfach verschwinden lassen.

Grenzwerte eilen zu Hilfe

Den ›Verschwinde-Trick‹ entdeckte Bernhard Riemann 1854, und um ihn zu verstehen, betrachten wir zunächst zwei separate Reihen, die eine Reihe bestehend aus allen positiven Termen, die andere aus allen negativen:

$$1 + \frac{1}{3} + \frac{1}{5} + \frac{1}{7} + \dots$$

und

$$-\frac{1}{2} - \frac{1}{4} - \frac{1}{6} - \frac{1}{8} - \dots$$

Wie so oft bei unendlichen Reihen ist die sicherste Vorgehensweise, zuerst die Summe s_n der ersten n Terme zu betrachten und dann $n \to \infty$ gehen zu lassen.

Das Problem ist, dass keine dieser Reihen, wie schon zuvor eine Reihe in Kapitel 9, gegen einen endlichen Grenzwert konvergiert. Für die erste gilt $s_n \to \infty$, wenn $n \to \infty$, und für die zweite $s_n \to -\infty$, wenn $n \to \infty$.

Und plötzlich ist es weit weniger überraschend, dass das Ergebnis ganz entscheidend davon abhängt, wie wir es tun, wenn wir die beiden Reihen miteinander kombinieren.

Tatsächlich konnte Riemann überdies zeigen, dass wir die Reihenkombination *gegen jeden beliebigen Grenzwert* gehen lassen können, wenn wir die positiven und negativen Terme in geeigneter Weise geschickt aneinanderreihen!

Eine Fourierreihe

Ein gänzlich anderes Beispiel stammt aus der Reihe

$$y = \sin x + \frac{1}{3}\sin 3x + \frac{1}{5}\sin 5x + \dots,$$

die in einer Studie Joseph Fouriers über Wärmeleitung auftauchte, während er in den 1820er-Jahren in Paris arbeitete.

Wie man sieht, gleicht diese Reihe keiner der unendlichen Reihen, die wir bisher kennengelernt haben, da die einzelnen Terme nicht einfach Potenzen von x sind.

Dennoch ist jeder Term eine hübsche, kontinuierliche Funktion von x, sodass die Annahme vernünftig erscheint, dies könne auch für y gelten.

Tut es aber nicht.

Wenn wir y gegen x auftragen, ist das Resultat eine viereckige Welle, wobei y einfach überall den Wert $\pi/4$ oder $-\pi/4$ annimmt, mit der einzigen Ausnahme, dass überall dort, wo x ein Vielfaches von π ist, $y = 0$ ist (Abb. 103).

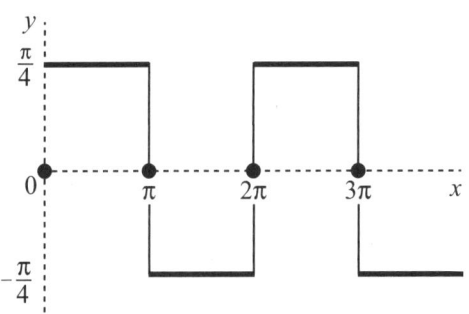

103. Eine ›viereckige Welle‹

Anders ausgedrückt: Jedes Mal, wenn x ein Vielfaches von π passiert, macht Wert der Funktion y einen Sprung.

Und doch verstehen wir noch einmal besser, was geschieht, wenn wir die Summe s_n der ersten n Terme betrachten. Abb. 104 zeigt einige Graphen von s_n gegen x, und selbst auf Grundlage dieser kleinen Probe ist vorstellbar, wie bei jedem bestimmten festen x die Summe s_n gegen $-\pi/4$, 0 oder $\pi/4$, wenn $n \to \infty$.

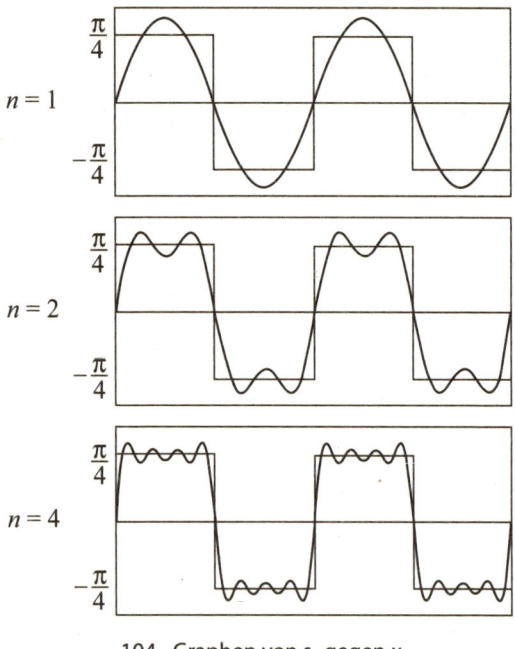

104. Graphen von s_n gegen x

Und nur falls das immer noch nicht ganz überzeugt: Es lohnt sich, zu beachten, dass das Ergebnis mit Sicherheit für den Spezialfall $x = \pi/2$ korrekt ist, denn dann verwandelt es sich in die berühmte Leibniz-Reihe aus Kapitel 17:

$$1 - \frac{1}{3} + \frac{1}{5} - \frac{1}{7} + \ldots = \frac{\pi}{4}$$

Überall Grenzwerte

Grenzwerte sind also entscheidend für das richtige Verständnis unendlicher Reihen.

Doch auch die *Differentiation* ist im Wesentlichen ein Grenzwert-Prozess, wie wir in Kapitel 5 gesehen haben:

$$\frac{dy}{dx} = \lim_{\delta x \to 0} \frac{\delta y}{\delta x}$$

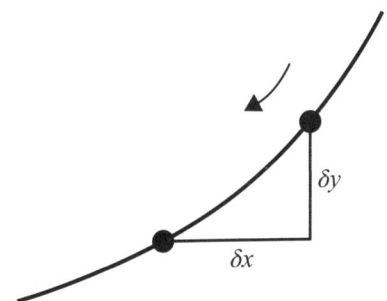

105. Die Ableitung als Grenzwert-Prozess

Und auch die Integration kann man als Grenzwert-Prozess betrachten. Nehmen wir zum Beispiel folgendes Problem: Wir suchen die Fläche unter einer Kurve zwischen $x = a$ und $x = b$, gewöhnlich ausgedrückt als

$$\int_a^b y\, dx.$$

Das Problem existiert im Grunde schon seit Fermat (und in gewisser Weise sogar seit Archimedes) als Grenzwert einer Summe (Abb. 106).

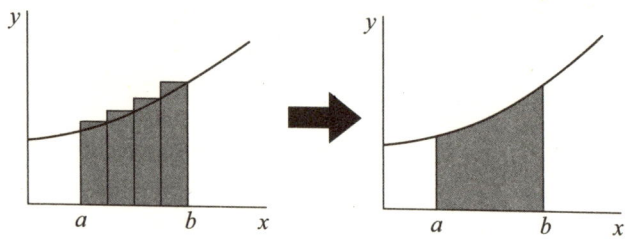
106. Das Intergral als Grenzwert-Prozess

Bislang haben wir die Integration oft als Umkehr der Differentiation betrachtet, teils weil genau darin ihre Bedeutung in der tagtäglichen mathematischen und wissenschaftlichen Arbeit liegt, teils wegen des Hauptsatzes des Calculus (Abb. 39).

Doch dieser Hauptsatz (und sein Beweis in Kapitel 8) gilt nur, wenn y eine *kontinuierliche* Funktion von x ist, sodass die Kurve keine Lücken oder Sprünge aufweist. Mitte des 19. Jahrhunderts begannen Mathematiker, sich für das Integrieren sehr viel allgemeinerer und unmanierlicherer Funktionen zu interessieren.

Als sie begannen, den Calculus auf exaktere Grundlagen zu stellen, definierten sowohl Cauchy als auch Riemann die Integration jedenfalls nicht als Umkehr der Differentiation, sondern als Grenzwert einer Summe.

Darüber hinaus tauchten ein paar ziemlich subtile Fragen zum Verfahren bei *multiplen* Grenzwerten auf.

In Kapitel 21 beispielsweise haben wir, um die Koeffizienten *A, B, C, D* ... zu finden, eine unendliche Reihe zur Grundlage genommen und sie differenziert, indem wir jeden Term einzeln abgeleitet haben.

Das aber läuft faktisch darauf hinaus, die Reihenfolge zweier Grenzwert-Prozesse umzukehren (in diesem Fall ›$n \to \infty$‹ und ›$\delta x \to 0$‹), was in der Regel äußerst riskant ist.

Doch selbst als die Mathematiker des 19. Jahrhunderts begannen, subtilere Fragen wie diese in den Griff zu bekommen, blieb eine entscheidende Frage offen:

Was genau *ist* ein Grenzwert?

26

Was genau ist ein Grenzwert?

»Es überrascht mich sehr, dass Herr Weierstraß so viele Studenten – zwischen 15 und 20 – zu Vorlesungen anlocken kann, die derart schwierig und auf so hohem Niveau sind.«
Kollege von Karl Weierstraß, 1875

Was meinen wir eigentlich wirklich, wenn wir sagen

$$y \to 0, \text{ wenn } x \to \infty,$$

oder gleichbedeutend, dass der Grenzwert von y Null ist, wenn x gegen unendlich geht?

Um das herauszufinden, setze ich in einem ersten Schritt voraus, dass y *immer positiv* ist.

Das erste Beispiel, das mir hierzu einfällt, ist $y = 1/x$ (Abb. 107). Doch auch bei einer so einfachen Gleichung wie dieser stellt sich die Frage: Warum sind wir so sicher, dass $y \to 0$, wenn $x \to \infty$?

Die Antwort

›y nähert sich 0, während x größer wird‹

reicht einfach nicht aus. Denn dasselbe könnte man zum Beispiel für die Funktion $y = 1 + 1/x$ sagen, die ganz sicher nicht gegen 0 geht, wenn $x \to \infty$.

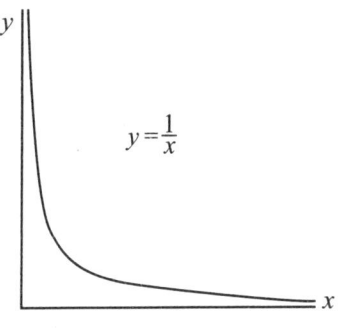
107. Die Funktion y = 1/x

Besser wäre diese Antwort:

›Wir können *y* an 0 *so weit annähern, wie wir möchten,* indem wir *x* groß genug machen.‹

Und ich meine, es sei genau diese Art von Denken, die wir in diesem Buch bisher des Öfteren benutzt haben.

Aber auch hier gibt es noch ein Problem.

Die Schwierigkeit besteht darin, dass diese Definition etwa Folgendes zulassen würde:

$$y = \begin{cases} 1/x & \text{wenn } x \text{ keine ganze Zahl ist} \\ 1 & \text{wenn } x \text{ eine ganze Zahl ist} \end{cases}$$

Das sieht dann aus wie die Kurve in Abb. 107, nur dass diese hier eine Art Schluckauf hat und jedes Mal auf den Wert 1 springt, wenn *x* eine ganze Zahl ist.

Egal wie gewollt dieses Beispiel erscheint, es ist eine vollkommen gültige Funktion von *x*. Zwar fügt es sich kaum einem intuitiven Verständnis von ›*y* → 0, wenn *x* → ∞‹, weil es niemals ganz zur Ruhe kommt, doch die unangenehme Wahrheit ist, dass wir *y* tatsächlich an 0 so weit annähern können, wie wir möchten, indem wir x groß genug machen; wir müssen nur aufpassen, x nicht als ganze Zahl zu wählen.

Um Probleme dieser Art zu vermeiden, verfeinern wir unsere Definition also folgendermaßen:

›Wir können y an 0 so weit annähern, wie wir möchten, für alle x größer als eine ausreichend große Zahl.‹

Die letzte verbleibende Schwierigkeit liegt nun in den Teilsätzen ›so weit annähern, wie wir möchten‹ und ›ausreichend groß‹. Die sind einfach zu sperrig, als dass sie für eine exakte mathematische Aussage taugten, und so verfeinern wir unsere Definition noch einmal:

›Für jede gegebene positive Zahl ε existiert eine positive Zahl X, sodass $y < \varepsilon$ für alle Werte von x, die größer sind als X.‹

Hinter dieser Definition steht die Idee, dass sie funktionieren muss, egal wie klein ε ist, wir dies aber nicht explizit aussagen müssen, da es durch das zentrale Wort ›jede‹ abgedeckt ist.

Und in der Tat stimmt unser einfaches Beispiel $y = 1/x$ damit überein, denn für jede gegebene Zahl ε wird $y = 1/x$ weniger sein als ε für alle Werte von x, die größer sind als $1/\varepsilon$.

Abschließend sollten wir die Voraussetzung, dass y immer positiv sein muss, etwas lockern, denn sie hat lediglich die Erklärung erleichtert. Es könnte zum Beispiel sein, dass y in oszillatorischer Weise gegen 0 geht, wenn $x \to \infty$ (Abb. 108).

Zufällig ist diese letzte Aufgabe recht einfach, denn wir brauchen nur ›$y < \varepsilon$‹ in unserer Definition durch ›$-\varepsilon < y < \varepsilon$‹ zu ersetzen.

Der gesamte Ansatz, der die Idee eines *Grenzwerts* endlich auf eine exakte Grundlage stellt, ist das Verdienst des deutschen Mathematikers Karl Weierstraß im späten 19. Jahrhundert.

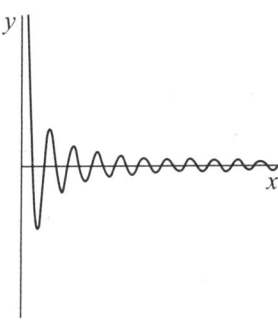

108. Eine abklingende Schwingung

Im Rückblick ist es interessant zu verfolgen, wie nahe schon frühere Mathematiker dieser Idee gekommen sind.

An einer Stelle in den *Principia* (1687) schreibt Newton zum Beispiel, dass eine Sache einer anderen ›näherkomme‹, »näher als durch irgendeine gegebene Differenz«.

Später, 1765, schreibt D'Alembert, eine Größe sei der Grenzwert einer anderen, »wenn die zweite sich der ersten nähert, näher als jede auch noch so kleine gegebene Größe«.

Bei Weierstraß jedoch ist nirgends mehr vom ›Näherkommen‹ die Rede, es wird ersetzt durch die Vergleichszeichen < und >. Insofern klingen hier von Ferne sogar noch Archimedes und Eudoxus an, die etwa 2000 Jahre früher gewirkt haben.

Letztendlich jedoch blickt Weierstraß' Arbeit nach vorne, nicht zurück, und will nicht nur den Calculus, sondern die ganze Idee der Zahl als solcher auf exaktere Grundlagen stellen.

In diesem Sinne möchte ich ein Postskriptum anfügen, das etwas seltsam erscheinen mag.

In Kapitel 3 habe ich – wahrheitsgemäß – gesagt, dass ich nicht wüsste, was es bedeutet, dass eine Zahl ›unendlich klein‹ sei.

Doch es gibt heute Mathematiker, die sich tatsächlich mit solchen Zahlen befassen, und zwar in einem Teilbereich der Mathematik, die sich Nichtstandardanalysis nennt und zuerst in den 1960er-Jahren von dem Mathematiker Abraham Robinson betrieben wurde.

Ich denke, die Wahrheit lautet deshalb: Um uns der Grundlagen des Calculus wirklich sicher zu sein, müssen wir letztendlich *entweder* die Idee eines Grenzwerts *oder* die Idee des ›unendlich Kleinen‹ erfolgreich in den Griff bekommen.

Bisher jedoch haben die meisten Mathematiker den ersten Weg eingeschlagen. Am Ende aber haben wir, scheint es, die Wahl.

27

Die Gleichungen der Natur

Wir nähern uns dem Ende dieses kleinen Buches über den Calculus, und ich möchte zu den Anwendungen zurückkehren, als Erstes den partiellen Differentialgleichungen, denn sie liegen in der modernen Wissenschaft so vielen Dingen, zumal in oft überraschender Weise zugrunde.

Der Calculus und das Licht

1865 formulierte der schottische Physiker James Clerk Maxwell die mathematische Theorie des Elektromagnetismus.

Insbesondere entdeckte er, dass elektrische und magnetische Felder dieselbe partielle Differentialgleichung erfüllen.

In ihrer einfachsten Form lautet diese Gleichung (in den modernen Einheiten des S.I.-Systems):

$$\frac{\partial^2 y}{\partial t^2} = \frac{1}{\mu_o \varepsilon_o} \frac{\partial^2 y}{\partial x^2}$$

μ_o und ε_o sind hier zwei elektromagnetische Konstanten, die sogar schon zu Maxwells Zeiten mit einer beachtlichen Genauigkeit aus Laboruntersuchungen bekannt waren.

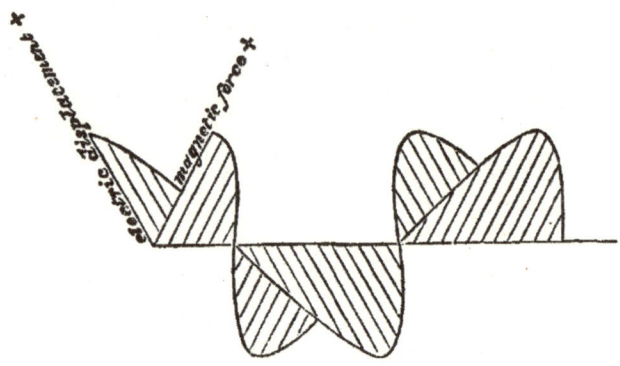

109. Eine elektromagnetische Welle, wie sie Maxwell in seiner *Abhandlung über Elektrizität und Magnetismus* von 1873 skizzierte

Und sollte Ihnen diese Gleichung irgendwie bekannt vorkommen, dann vermutlich deshalb, weil sie aus rein mathematischer Sicht *genau dieselbe Gleichung* ist *wie die für eine gespannte Saite* in Kapitel 20!

Einziger Unterschied: Anstelle der Konstanten T/ρ haben wir hier eine neue Konstante $1/\mu_o\varepsilon_o$.

Maxwell wusste deshalb sofort, dass die Gleichung wellenförmige Lösungen haben würde und dass sich diese elektromagnetischen Wellen mit einer Geschwindigkeit von $1/\sqrt{\mu_o\varepsilon_o}$ fortpflanzen würden.

Außerdem lag, wie sich herausstellte, diese Geschwindigkeit so nahe an der gemessenen Geschwindigkeit des *Lichts*, dass Maxwell unmittelbar schloss, das Licht selbst müsse ein elektromagnetisches Phänomen sein.

Auf diese Weise spielte der Calculus bei einer der größten Entdeckungen der Wissenschaftsgeschichte eine bedeutende Rolle.

Der Calculus in der Quantenwelt

Etwa 60 Jahre später, in den späten 1920ern, geriet die Welt der Physik erneut in Aufruhr – diesmal mit dem Aufkommen der Quantenmechanik.

Ausgelöst wurde dieser Umbruch zum Teil durch einige Experimente, die man nur erklären konnte, indem man das Licht nicht als Welle, sondern als Abfolge von Partikeln *(Photonen)* betrachtete, jedes mit einer winzigen Menge Energie:

$$E = h\nu$$

Hier ist ν die Frequenz des Lichts und h die Planck-Konstante ($6{,}626 \times 10^{-34}$ Joule sec).

Nicht weniger seltsam waren andere Experimente mit Partikeln, etwa mit Elektronen, die sich nur erklären ließen, indem man das Partikel als Welle betrachtete.

Um sich das besser vorstellen zu können, ist es hilfreich, sich ein bewegendes Teilchen in der Quantenmechanik als kleines Paket von Wellen einer begrenzten Ausdehnung zu denken (Abb. 110).

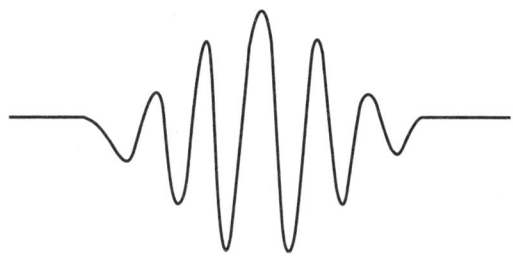

110. Ein Quanten-Wellenpaket

1926 führte dann Erwin Schrödinger die Idee einer *Wellenfunktion* Ψ ein, um die Form einer quantenmechanischen Welle zu beschreiben, indem er sie als Differentialgleichung niederschrieb.

Im einfachsten Fall, nämlich für ein einzelnes Partikel der Masse m, das sich in x-Richtung in einem Potential V bewegt, lautet Schrödingers Gleichung

$$i\hbar \frac{\partial \psi}{\partial t} = -\frac{\hbar^2}{2m}\frac{\partial^2 \psi}{\partial x^2} + V\psi,$$

wobei $\hbar = h/2\pi$.

Erneut begegnen wir also im Kern einer physikalischen Theorie einer partiellen Differentialgleichung, diesmal aber mit einer interessanten Besonderheit.

Denn die imaginäre Zahl

$$i = \sqrt{-1}$$

erscheint direkt in der Differentialgleichung selbst. Die Wellenfunktion Ψ ist daher komplex, d. h. sie enthält reale und imaginäre Teile, die beide von x und t abhängen.

Ich muss kaum betonen, dass sich dies alles deutlich von der klassischen Wellengleichung unterscheidet. Und doch war es einer der ersten Erfolge der vollständigen, dreidimensionalen Schrödinger-Gleichung, dass sie die Energieniveaus eines Elektrons im Wasserstoffatom erklärte:

$$E_N = -\frac{hcR_o}{N^2}$$

c bezeichnet die Lichtgeschwindigkeit, R_o die Rydberg-Konstante ($1{,}097 \times 10^7 m^{-1}$), und am wichtigsten ist: $N = 1, 2, 3 \ldots$ ist eine ganze Zahl.

Die Energieniveaus sind daher *quantisiert*, und wenn diese diskreten Energieniveaus Sie irgendwie an die diskreten *Frequenzen* aus Kapitel 20 erinnern, dann befinden Sie sich in guter Gesellschaft, denn Schrödinger selbst schrieb:

> »Ich möchte das Wasserstoffatom betrachten und zeigen, dass Integralität, wenn sie tatsächlich auftaucht, in derselben natürlichen Weise entsteht, wie sie es im Fall der Knoten-Zahlen einer schwingenden Saite tut.«

Der Calculus im Überschall

Das 20. Jahrhundert erlebte bedeutende Fortschritte auch auf eher klassischen Gebieten der Physik, einschließlich der Strömungsmechanik. Insbesondere sorgte in den 1950ern die Aussicht auf überschallschnelles Fliegen für Furore.

Bis heute wissen wohl die meisten, dass etwas Besonderes passiert, wenn die Geschwindigkeit eines Flugzeugs die Schallmauer durchbricht. Doch *was geschieht eigentlich* aus mathematischer Sicht?

Um das zu beantworten, ist es am einfachsten, wenn wir uns quasi mit dem Flugzeug mit bewegen, sodass der Flügel stillsteht.

Wir stellen uns also vor, dass sich die Luft mit der Geschwindigkeit U in x-Richtung an einer dünnen

Tragfläche vorbeibewegt. Die Tragfläche verursacht eine kleine Störung im Luftstrom, beschrieben durch eine Funktion von *x* und *y*, die man als Geschwindigkeitspotential Φ bezeichnet. Und es stellt sich heraus: Φ selbst erfüllt die partielle Differentialgleichung

$$(1-M^2)\frac{\partial^2 \phi}{\partial x^2} + \frac{\partial^2 \phi}{\partial y^2} = 0.$$

Hier ist *M* die *Mach-Zahl*, definiert als

$$M = \frac{U}{c},$$

wobei *c* die Schallgeschwindigkeit bezeichnet.

Es wird also unmittelbar deutlich, dass der Koeffizient des ersten Terms das Vorzeichen wechselt, wenn *M* größer wird als 1. Dieser Vorzeichenwechsel ist es, der den gesamten Charakter der Differentialgleichung verändert und mithin auch ihre Lösung.

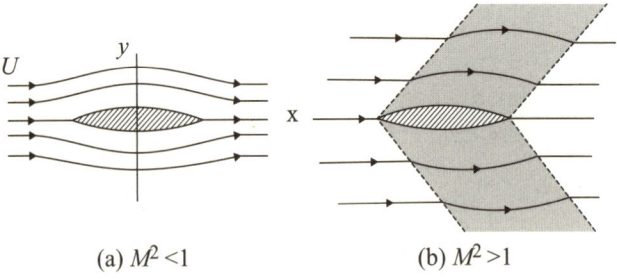

(a) $M^2 < 1$ (b) $M^2 > 1$

111. Strömung an einer dünnen symmetrischen Tragfläche bei (a) Unterschall und (b) Überschall

Für die Strömung bei Unterschallgeschwindigkeit mit $M < 1$ lässt die Gleichung eine enge Verbindung zur Theorie komplexer Variablen aus Kapitel 22 erkennen, und der Luftstrom zeigt überall leichte Störungen, auch wenn diese in großer Entfernung zur Tragfläche sehr klein sind (Abb. 111a).

Für die Strömung bei Überschallgeschwindigkeit mit $M > 1$ jedoch verwandelt sich die Gleichung im Grunde in die klassische Wellengleichung und es treten außerhalb der beiden in Abb. 111b schattierten Bereiche keinerlei Störungen des Luftstroms mehr auf.

Die Mach-Linien (gestrichelt), die jene Bereiche begrenzen, bilden einen Winkel α mit der x-Achse, sodass

$$\sin\alpha = \frac{1}{M}.$$

Je überschallschneller also der Luftstrom, desto kleiner ist der Wert von α und umso weiter werden die Mach-Linien nach hinten geweht.

Die Linien selbst sind im Grunde sanfte Formen von Schockwellen und sie bewegen sich mit dem Flugzeug mit.

Und bis die erste ihn erreicht, hört ein stationärer Beobachter am Boden absolut gar nichts.

28

Vom Calculus zum Chaos

Differentialgleichungen sind bis heute das wichtigste Mittel, mit welchem der Calculus der realen Welt begegnet.

Unsere Fähigkeit, mit diesen Gleichungen umzugehen, erhielt in den 1960er-Jahren hauptsächlich als Folge der Computerrevolution einen enormen Schub.

112. Chaos aus den Lorenz-Gleichungen: der Weg eines beweglichen Punktes mit den Koordinaten (x, ζ)

Calculus per Computer

Die Grundidee ist eigentlich recht einfach und reicht bis auf Euler zurück.

Nehmen wir folgende Differentialgleichung an:

$$\frac{dy}{dt} = y$$

Zufällig wissen wir aus Kapitel 22, wie sie zu lösen ist. Doch was, wenn nicht?

Stellen wir uns stattdessen vor, wir würden einfach nur den Wert von y (oder zumindest eine brauchbare Annäherung) zu einem bestimmten Zeitpunkt t kennen.

Dann deutet die Differentialgleichung selbst an, dass eine kurze Zeitspanne δt später der zugehörige Anstieg δy ziemlich genau durch

$$\frac{\delta y}{\delta t} = y$$

angegeben wird.

Wenn wir unsere Annäherung an y zum Zeitpunkt t nutzen, können wir also die kleine Zunahme δy berechnen, sie zu unserem ›aktuellen‹ Wert y addieren und erhalten so eine Annäherung an den ›neuen‹ Wert von y zum Zeitpunkt $t + \delta t$.

Und vor allem können wir dann *diesen* Wert von y nehmen und dieselbe Aktualisierungsprozedur anwenden, um wiederum eine Annäherung an y eine kurze Zeitspanne δt später zu erhalten, und so fort.

Man kennt diesen Ansatz als Schritt-für-Schritt-Methode und im Prinzip führt sie zu einer guten Annäherung an die wirkliche Lösung der ursprünglichen Differentialgleichung, *wenn wir sehr viele sehr kleine (Zeit-) Schritte machen.*

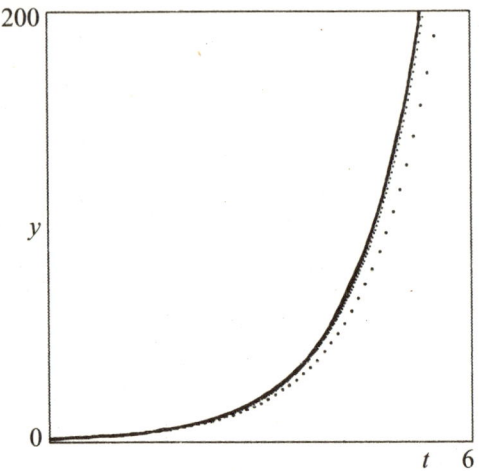

113. Eulers Schritt-für-Schritt-Methode in Aktion

In Abb. 113 zum Beispiel haben wir versucht, folgende Gleichung zu lösen:

$$\frac{dy}{dt} = y \quad \text{mit} \quad y = 1 \text{ bei } t = 0$$

Die untere ›Kurve‹ entstand mit $\delta t = 0{,}1$ und der allmählich größer werdende Fehler ist offensichtlich. Die obere Kurve hingegen entstand mit $\delta t = 0{,}02$ und lässt sich auf dieser Zeitskala kaum von der wirklichen Lösung $y = e^t$ unterscheiden.

In der Praxis werden sehr viel durchdachtere und präzisere Verfahren zur Näherung an δt verwendet.

Doch die zugrundeliegende Idee ist im Wesentlichen dieselbe: Wähle einen kleinen, festgelegten Zeitschritt δt, ersetze die Differentialgleichung selbst durch eine Aktualisierung per Annäherung und lass einen Computer diese Aktualisierungsprozedur wieder und wieder durchführen.

Entscheidend ist, dass sich genau dieselbe Idee nutzenlässt, wenn dy/dt als sehr komplizierte Funktion von y vorliegt.

Und sie lässt sich sogar dann noch nutzen, wenn wir ein ganzes System von Differentialgleichungen mit mehreren unbekannten Variablen vorliegen haben.

Chaos

Ein berühmtes Beispiel dafür liefern die Lorenz-Gleichungen, die in ihrer einprägsamsten Form so aussehen:

$$\frac{dx}{dt} = 10(y - x)$$
$$\frac{dy}{dt} = 28x - y - zx$$
$$\frac{dz}{dt} = -\frac{8}{3}z + xy$$

Es sind also drei Differentialgleichungen für die drei ›unbekannten‹ Variablen x, y, z als Funktionen der Zeit t.

Eine grundlegende Eigenschaft dieses Systems ist seine *Nichtlinearität*. Und zwar wegen der Terme $-zx$ und xy, die *Produkte* jener Variablen darstellen, die wir versuchen zu finden. Und genau diese Eigenschaft macht diese Gleichungen zu einer besonderen Herausforderung.

Sie erschienen zuerst 1963 in einer Abhandlung des amerikanischen Meteorologen Ed Lorenz, wo sie aus einem hochgradig vereinfachten Modell für Wärmeübertragung in einer Flüssigkeitsschicht entstanden.

Lorenz löste sie durch Anwendung einer Schritt-für-Schritt-Methode auf einem sehr primitiven Desktop-Computer, und wenn wir dasselbe tun und eine der Variablen gegen die Zeit t auftragen, sehen wir typischerweise Schwingungen.

Doch die Schwingungen sind *chaotisch* und scheinbar willkürlich, sodass das System nie zur Ruhe kommt, weder zu einem stabilen Gleichgewichtszustand noch zu einer regelmäßigen, periodischen Bewegung (Abb. 114).

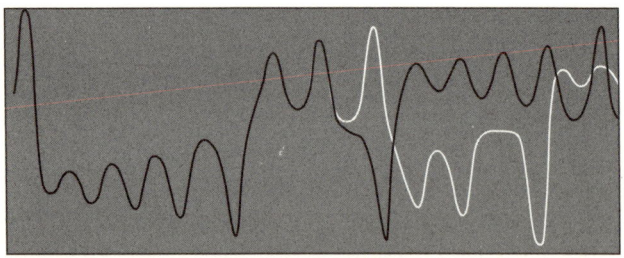

114. Chaos in den Lorenz-Gleichungen, die eine extreme Sensitivität gegenüber den Anfangsbedingungen aufweisen

Und es gibt eine entscheidende zweite chaotische Eigenschaft.

Die schwarze und die weiße Kurve in Abb. 114 ergeben sich aus zwei Anfangsbedingungen, die sich kaum voneinander unterscheiden, sodass auch die beiden Graphen zu Beginn praktisch nicht voneinander zu unterscheiden sind.

Doch nach nur wenigen Schwingungen laufen die beiden Kurven beträchtlich auseinander und das System entwickelt sich in zwei völlig unterschiedliche Richtungen.

Diese extreme Sensitivität gegenüber den Anfangsbedingungen ist ein zentrales Merkmal von Chaos und bringt weitreichende Probleme mit sich, wenn es um die Voraussage des langfristigen Verhaltens chaotischer Systeme geht, und zwar einfach deshalb, weil sich in der Praxis die Anfangsbedingungen überhaupt nicht mit hoher Genauigkeit ermitteln lassen.

Dies ist ein ernstes Problem, denn wir wissen heute, dass Chaos eine typische Eigenschaft zahlreicher Systeme ist, in denen Mengen nicht linearer Differentialgleichungen eine Rolle spielen, sei es in der Physik, im Ingenieurwesen, in Chemie oder Biologie.

Und während einige Schlüsselideen bis auf den großen französischen Mathematiker Henri Poincaré im späten 19. Jahrhundert zurückgehen, fand die umfassende Bedeutung des Chaos erst weitreichend Anerkennung, nachdem Ed Lorenz und andere in den 1960er-Jahren ihre Pionierarbeit geleistet hatten.

Wie es der Zufall will, kam Lorenz zuerst auf einige dieser Ideen, als er an einem früheren, komplizierteren computergestützten Wettermodell mit *zwölf* Variablen arbeitete. Dieses Modell wiederum war zum Teil angeregt durch einige bemerkenswerte Laborexperimente des Physikers Raymond Hide in den 1950ern.

Zur Anwendung kam darin ein rotierender ringförmiger Wassertank, dessen innere und äußere Umrandungen auf unterschiedlichen Temperaturleveln gehalten wurden. Im Prinzip also die Atmosphäre, die auf ihre absoluten Grundbestandteile reduziert war: eine einfache konstante Rotation und eine unterschiedliche Erwärmung (Abb. 115).

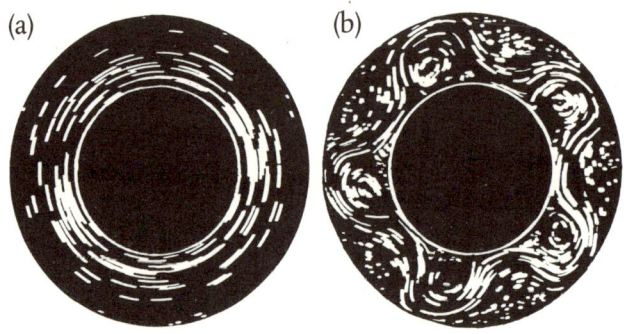

115. Zwei Strömungen einer unterschiedlich erwärmten Flüssigkeit

Bei niedrigen Rotationsgeschwindigkeiten verlief die Strömung in Relation zum rotierenden Tank symmetrisch um die Rotationsachse (Abb. 115a), bei höheren Umdrehungsraten hingegen wurde diese Strömung instabil und es entstand ein charakteristisches mäandrierendes Strömungsmuster (Abb. 115b), das an den Jetstream in der Atmosphäre erinnert.

Bei noch höheren Umdrehungsraten jedoch fluktuierte der wellenförmige Jet auf unregelmäßige Weise – ein Verhalten, das Lorenz besonders faszinierte.

Und während Lorenz versuchte, diese Art von allgemeiner Strömung mit seinem frühen 12-Variablen-Modell zu untersuchen, reichte ihm das Schicksal gewissermaßen die Hand.

An irgendeinem Punkt beschloss er, einen bestimmten Abschnitt der Berechnung zu wiederholen, hielt den Rechner an und tippte die Anfangsbedingungen für eben diesen Abschnitt neu ein. Der Einfachheit halber verwendete er jedoch nicht die ursprünglichen Zahlen, die bis auf 6 Ziffern genau waren, sondern nur auf 3 Ziffern genaue Annäherungen.

In seinen eigenen Worten:

»Ich ließ den Rechner wieder laufen und ging eine Tasse Kaffee trinken. Als ich etwa eine Stunde später zurückkam … sah ich, dass die neue Lösung nicht mit der ursprünglichen übereinstimmte.«

Zunächst vermutete Lorenz irgendein Computerversagen, doch bald war ihm klar, dass das Ergebnis selbst eine ganz andere Geschichte erzählte.

Denn während er Kaffee trank, hatte der Rechner etwa zwei Monate ›Wetter‹ simuliert. Zu Beginn hatten die winzigen Rundungsfehler bei den Anfangsbedingungen nur kleine Abweichungen des gelieferten Ergebnisses zur Folge.

Doch allmählich vergrößerten sich diese Unterschiede stetig, sie verdoppelten sich rund alle vier Tage, bis irgendwann im zweiten Monat jegliche Ähnlichkeit zum ursprünglichen ›Wetter‹ völlig verschwand.

Auf diese Weise also stolperte Lorenz mehr oder weniger aus Versehen über das, was wir heute ›Sensitivität gegenüber den Anfangsbedingungen‹ nennen, und er kam endlich sogar zu dem Schluss, dass diese extreme Empfindlichkeit zu einem Großteil die eigentliche Ursache für Chaos ist.

Ed Lorenz war ein bescheidener Mann und ich glaube, er sah sich selbst einfach als einen Wissenschaftler von vielen, der die Mathematik und besonders den Calculus benutzt, um zu verstehen, wie die Welt funktioniert.

Einmal habe ich Tennis mit ihm gespielt, 1973.

Anhang

Weiterführende Literatur

(Die hier verzeichneten Bücher sind ausschließlich die vom Autor empfohlenen. Sie wurden für die deutsche Ausgabe nicht verändert oder ergänzt.)

Acheson, David: *From Calculus to Chaos.* Oxford University Press 1997.
Beckmann, Petr: *A History of Pi.* Golem Press 1970.
Maor, Eli: *e–The Story of a Number.* Princeton University Press 1994.
Simmons, George Finlay: *Calculus Gems.* McGraw-Hill 1992.

Es gibt viele gelehrte Bücher und Aufsätze über die Geschichte des Calculus, doch ich empfehle besonders:
Kline, Morris: *Mathematical Thought from Ancient to Modern Times.* Oxford University Press 1972.
Hairer, Ernst und Gerhard Wanner: *Analysis by its History.* Springer Verlag 1996. [dt. *Analysis in historischer Entwicklung.* Springer Verlag 2011.]
Edwards, Charles Henry: *The Historical Development of the Calculus.* Springer Verlag 1979.

Eine vollständige (englische) Übersetzung von Leibniz' Abhandlung von 1684 findet sich in Dirk Jan Struik: *A Source Book in Mathematics.* Princeton University Press 1986 oder in Jacqueline Stedall: *Mathematics Emerging. A Source Book 1540–1900.* Oxford University Press 2008. Den interessierten

Leser möchte ich außerdem hinweisen auf J. M. Child: *The Early Mathematical Manuscripts of Leibniz.* Dover 2005.

Besonders hilfreich für Newton erschienen mir Niccolo Guicciardini: *Isaac Newton on Mathematical Certainty and Method.* MIT Press 2011 und Derek T. Whiteside: *The Mathematical Papers of Issac Newton.* Band 1–8. Cambridge University Press 2008.

Zitatnachweis

(Nachgewiesen werden für den interessierten Leser die Zitate der englischen Originalausgabe.)

Kapitel 7
»Ich glaube wahrhaftig ...« – (engl. ›I verily believe ...‹)
The English Works of Thomas Hobbes of Malmesbury, Sir William Molesworth, J. Bohn 1845.

Kapitel 8
»Um den Sinn dessen zu verstehen ...« – (engl. ›to understand this for sense ...‹)
The English Works of Thomas Hobbes of Malmesbury, Sir William Molesworth, J. Bohn 1845.

Kapitel 13
»Das ist dasselbe wie ...« – (engl. ›... will be equal to $x.dy + y.dx$ ...‹)
›Differentials, Higher-Order Differentials and the Derivative in the Leibnizian Calculus‹ von H. J. M. Bos, in: *Archive for History of Exact Sciences,* Bd. 14, S. 16, 1974.

Kapitel 14
»An den Symbolen beobachtet man ...« – (engl. ›In symbols one observes an advantage ...‹)
A History of Mathematical Notations von F. Cajori, Open Court 1929, Bd. 2, S. 184.

Kapitel 15
»Sie haben das Thema der Kontroverse ...« – (engl. ›They have changed the whole point ...‹)
Isaac Newton on Mathematical Certainty and Method, Zitat, von N. Guicciardini, MIT Press 2011, S. 373.

Kapitel 17
»ye Zeichen aus ye Reihen ...« – (engl. ›ye signes of ye series ...‹)
The Correspondence of Isaac Newton, hrsg. von H. W. Turnbull, Cambridge 1960, Bd. 2, S. 181.

Kapitel 26
»näher als durch irgendeine ...« – (engl. ›... more closely than by any given difference.‹)
Newton, I. (1687). *Philosophiae Naturalis Principia Mathematica. Jussu Societatis Regia ac typis Josephi Streatii.* Londini.

»wenn die zweite sich der ersten ...« – (engl. ›... if the second approaches the first ...‹)
Analysis by its History, E. Hairer und G. Wanner, Springer 1996, S. 171.

Kapitel 27
»Ich möchte das Wasserstoffatom ...« – (engl. ›I wish to consider ...‹)
Schrödinger, zitiert in: *An Introduction to Quantum Physics* on A. P. French und E. F. Taylor, Van Nostrand 1978, S. 192.

Kapitel 28
»Ich ließ den Rechner wieder laufen ...« – (engl. ›I started the computer again ...‹)
Ed Lorenz, zitiert in: *Bulletin*, Bd. 45, *World Meteorological Organization*, 1996.

Bildnachweis

(Die Ordnungszahlen beziehen sich auf die Abbildungsnummern.)

4. (a) Science & Society Picture Library/Getty Images. (b) Hulton Archive/Getty Images
37. Wallis, John. *De sectionibus conicis nova methodo expositis tractatus.* Bayerische Staatsbibliothek, 1655.
41. (b) I. Newton, *Analysis per quantitatum series, fluxiones, ac differentias: cum enumeration linearum tertii ordinis, Londini, Ex Officina Pearsoniana,* 1711, p. 19. Biblioteca Universitaria di Bologna (collocazione: A. IV.M.IX.28).
50. From Newton's Early papers, MC Add. 3958.4:78v. Reproduced by kind permission of the Syndics of Cambridge University Library.
53. Popperfoto/Getty Images.
56. Schooten, Franz van. (1657). *Exercitationum Mathematicorum.*
59. From Newton's Papers folio 56 of Add. 3965-7. Reproduced by kind permission of the Syndics of Cambridge University Library.
60. Leibniz, 1684, *Acta Eruditorum.*
67. From *Analysis by Its History,* E. Hairer and G. Wanner, p. 107, Springer 1996. Reproduced by permission from Bibliothèque de Genève.

68. The Bodleian Libraries, The University of Oxford, call no. Savile ff8, *Analysis per quantitatum series, fluxiones, ac differentias* by Isaac Newton.
69. The British Library.
80. The Bancroft Library.
81. Bettmann/Getty Images.
89. Leibniz, 1684, *Acta Eruditorum.*
95. Culture Club/Getty Images.
96. From Newton's *De Analysi* (1669, published 1711) as it appears in *Analysis by Its History*, E. Hairer and G. Wanner, p. 54, Springer 1996. Reproduced by permission of Bibliothèque de Genève.
97. Reproduced by kind permission of the Syndics of Cambridge University Library.
115. From R. Hide and P. J. Mason, *Advances in Physics*, Vol. 241, pp. 47–100, 1975.

Register

Ableitung, *siehe* Differentiation
Achsen, Koordinatenachsen 22
Algebra 7, 18f., 21, 129
Analyst, The 127f.
Änderungsrate 30, 32, 34, 78, 118, 129, 141, 155
Apfel, fallend 11ff., 76f., 82
Archimedes 23f., 48f., 53, 62, 111, 12, 175, 182

Barrow, I. 55, 111
Berkeley, Bishop 127ff.
Bernoulli, J. 100, 133, 151
Beschleunigung 77ff., 87, 135ff., 141
    aufgrund der Schwerkraft 77
    in der Kreisbewegung 80
Bewegungsgesetz 78
Beweis
    durch Widerspruch 49
    per Bild, Bildbeweis 27, 65
    Wichtigkeit von 17, 19
    des Hauptsatzes des Calculus 57
binomische Reihen 111
Bogenmaß 116
Brachistochrone 151f.
Brot, kugelförmig 61

Calculus
    Hauptsatz 55
    Notation 36, 103

    komplexer Variablen 167
    mehrerer Variablen 150
    Variationsrechnung 151
Cauchy, A. L. 167, 170, 176
Cavalieri, B. 50f.
Chaos 190ff.
Computer, Calculus per 191
$\cos\theta$ 115

D'Alembert, J. 142, 181
De Analysi 58, 108f., 162
Descartes 22, 111
Differentialgleichungen 133ff., 140, 152, 186
    und Chaos 193
    per Computer 191
    Elektromagnetismus 183
    Gitarrensaiten 143
    Pendel 135
    Quantenmechanik 186
    Seifenfilm 153
    Überschallströmung 188
    Wellengleichung 141
Differentiation 34ff., 45, 56, 71f., 91, 93f., 103f., 108, 111, 175f.
    Kettenregel 103, 123, 137
    Definition 36
    geometrische Bedeutung 36
    Notation 36, 103
    eines Produkts 92
    von x^2 37
    von x^n 40, 95
    von $1/x$ 38

eines Quotienten 95
  von cosθ 115
  einer Exponentialfunktion 155
  fraktionaler Potenzen 96
  negativer Potenzen 96
  von sinθ 115
  partiell 140ff.
  Grundregeln 41, 91
  zweite Ableitung 104
Divergenz 66, 172
dy/dx
  Beispiele 37
  Bedeutung 36
Dynamik 76ff., 83, 133, 140, 183, 190

e 154ff.
elektromagnetische Wellen 184
Ellipse 83
Epidemie 154
Erde
  Loch durch die 63
  Vermessung der 21
Eudoxus 49, 182
Euler, L. 133, 152, 157, 160, 166, 191
exponentielles Wachstum 154

Fermat, P. 22, 45, 54, 111, 147, 175
Fläche 17, 19, 42
  des Kreises 23ff., 48
  unter einer Kurve 53, 55ff., 71, 108, 175
Fluxion 100
Funktionen 40

Notation 161
zweier Variablen 140, 149
komplexer Variablen 167

Galileo 12, 50, 59, 139, 151
Geschwindigkeit als Betrag (skalare Größe)
  (speed) 12, 77
Geschwindigkeit als vektorielle Größe *(velocity)*
  77, 118
Gitarrensaiten 14, 140, 145
Glück, Suche nach 159
Glücksspiel 158
Gravitation 86
Gregory, J. 120f., 163
Grenzwert 8, 26, 28, 32, 36, 61, 65, 89, 97, 104, 132, 157, 168, 171, 175, 178ff.
  intuitives Verständnis 26
  präzise Definition 180f.

Halley, E. 89f., 127
Harmonien 146
Hauptsatz des Calculus 55, 108, 176
Hide, R. 195
Hobbes, T. 53, 59
Hooke, R. 88
Huygens, C. 120

i 165
imaginäre Zahlen 165
Integralzeichen 104
Integration 56, 104
  durch Substitution 105

von x^n 105
durch Nutzung infiniter Reihen 72, 123
Introductio in analysin infinitorum 157, 160

Kegel, Volumen 49
Kepler, J. 50, 84ff.
Kettenregel 103, 123, 137
Knoten 146
komplexe Variablen 167
Konstante der Integration 56, 59
Konvergenz der Reihe 65f.
Koordinaten 21
Kraft 79, 135, 141
Krankheit, sich ausbreitend 154
Kreis
    Fläche 23, 48
    und die ungeraden Zahlen 15, 113, 120, 124, 175
    Kreisbewegung 80
Kugel, Volumen 49
kürzesten Zeit, Problem der 97
    eine Kurve heruntergleiten 151
    Lichtbrechung, Optik 99

Ladies Diary, The 102
Lagrange, J. L. 152
Leibniz, G. W. 8, 13f., 36, 90, 91ff., 100, 103ff., 107f., 110, 119ff., 127, 131, 147, 174
Licht
    Brechung 99, 148
    Geschwindigkeit 184
$\log x$ 158
Lorenz-Gleichungen 190, 193

Mach-Zahl 188
Madhava 121
Maxima und Minima 42ff., 147
Maxwells Gleichung 183

Nelsonsäule 46
Newton, Sir Isaac 88, 11, 13, 18, 22, 55, 58, 71, 73f., 79, 83ff., 100, 107ff., 125, 127, 129, 131, 133, 161, 181
Nichtlinearität 193
Nichtstandardanalysis 182
numerische Methode 191

Optimierung 42
Oresme, N. 66f.
Oszillationen 116, 137, 143, 194

partielle Ableitung 140ff., 150
Pendel
    Differentialgleichung für 135
    Schwingungsperiode 138
Pi (π)
    und Kreise 15, 24
    und infinite Reihe 15, 113, 120, 124
    Wallis-Produkt 52
Pizza-Theorem 62
Planetenbewegung 85
Poincaré, H. 195
Principia 83, 90, 131, 181
Produktregel 95, 97
Punktnotation 100
Pythagoras, Satz des 17, 19, 21

Quantenmechanik 99, 185

Radiant 116
Riemann, B. 171f., 176
Robinson, A. 182

Satz des Pythagoras 17, 19, 21
Schachtelstapeln 68
Schritt-für-Schritt-Methode 191
Schrödinger, Erwin 186f.
Schrödingers Gleichung 186
Schwerkraft 86
Schwingungen 116, 137, 143, 194
Schwingungsfrequenz 143
Seifenfilm 152
Sensitivität gegenüber Anfangsbedingungen 194, 197
$\sin\theta$ 115
speed 77, 86, 118
Steigung einer geraden Linie 31
Steigung einer Kurve 30, 32
Strömung an Tragflächen 168
Strömungsmechanik 168

Tangente 34
Taylorreihen 162
Torricelli, E. 59
Trigonometrie 114

Überschall-Strömung 187
umgekehrtes Quadratgesetz der Gravitation 86, 90
Umlaufbahn, der Planeten 85
unendlich klein 29, 36, 97, 131, 181

unendliche Reihen 26, 64ff.
  mit wechselnden Vorzeichen 65
  binomisch 111
  Konvergenz 66
  $\cos\theta$ 161, 164, 166
  Divergenz 66
  e 154
  π 113, 120, 124
  Integration nutzt 72
  neue Reihenfolge 170
  $\sin\theta$ 161, 164, 166
Unendlichkeit 23ff., 48ff.
ungerade Zahlen und π 15, 120

velocity 77, 118
Verschwinde-Trick 170
Vibrationsmodi 145
vibrierende Saite 14, 140, 184
Volumen 49, 59

Wallis, J. 51, 111
wandernde Welle 143
Weierstraß, K. 178, 181
Wellengleichung 141, 183, 189

Zentripetalkraft 79
Zykloid 152